변호사가 풀어주는

건설분쟁 Q&A

서중희 | 이재정 | 이정일 | 조영선 엮음

신광문화사

머리말

이 책은 동화(同和) 법무법인에 계시는 4분의 변호사님들이 지난 2011년부터 2013년간 틈틈이 건설경제신문의 Q&A 칼럼에 기고한 39편의 글들을 모은 것입니다.

먼저 자아비판을 겸해 양해를 구합니다.

개별 변호사님들께서 신문 Q&A 칼럼이라는 한정된 지면에 질문(Q)과 답변(A)의 형식으로 글을 쓴 것이다 보니, 어떤 경우에는 사례풀이로, 어떤 경우에는 이론적인 설명으로 글이 작성되었습니다. 또 하나의 주제에 대해 여러 편의 글들이 모아지기도 하였습니다. 그리고 경우에 따라서는 압축적인 진술이나 비약적인 진술도 보입니다(이 경우 질문 부분을 다시 훑어야 할 수고로움이 있을 수 있습니다). 그렇다 보니 기고할 당시에는 건설경제신문을 구독하시는 분들, 즉 건설업계에 종사하시는 분들이 신문을 뒷주머니에 넣고 다니다가 시간 날 때 가볍게 읽을 수 있는 글을 쓰려고 하였습니다만, 읽는 분에 따라서는 무겁거나 어려울 수도 있겠다는 생각도 듭니다.

여러 가지로 모자람이 많은 글들입니다.

그렇지만, 마침 글을 쓴 변호사님들이 동화라는 같은 법인에 소속되어 있고, 또 단순히 한글파일로 남겨두는 것보다는 하나의 책으로 엮어두는 것도 의미가 있을 듯하고, 더불어 '구슬이 서 말이라도 꿰어야 보배'라는 말을 빌려, 부끄러움을 무릅쓰고 하나의 책으로 엮어 봅니다.

잠시 여기에 모은 글들을 소개해 봅니다.

앞에서 언급하였듯이, 여기 소개된 글들은 질문(Q)과 답변(A)이라는 형식으로 이루어져 있고, 답변부분에 실제 소송이나 자문을 수행하면서 사건을 해결하는 변호사의 관점이 녹아져 있습니다. 또 가급적 건설·건축 과정에서 발생할 수 있는 다양한 분쟁들－관급공사, 면허대여, 공사대금, 선급금, 기성고, 유치권, 대물변제, 강제집행, 지체상금, 하자담보책임, 건설공동수급체, 하도급, 건설보증, 일조권 등－을 다루어 보았습니다. 처음 신문기고 당시에는 본문 중 판례번호 정도만 소개되었습니다만, 이번에 책으로 엮으면서 2015년까지의 참조판례를 수록해 두었습니다. 그리고 이 책을 엮을 당시에 개정된 법률을 반영하여 기고 당시의 글들을 일부 수정하였습니다.

세상에 내놓기에는 거칠고 모난 글일 수 있습니다만,

그동안 같은 법인에 있다는 이유로 때에 맞추어 글들을 기고해 주신 변호사님들께 감사드리고, 또 일상이나 기억에 묻혀도 이상하지 않을 소소한 글들을 모아 책으로 나오기까지 수고로움을 마다하지 않은 모든 분들께 감사의 마음을 전합니다.

동화 법무법인

대표변호사 서중희

- 서 중 희
  - 변호사
  - 국가인권위위원회 전문상담위원
  - 서울시립대 법학과
  - 사법시험 43회, 사법연수원 33기

- 이 재 정
  - 변호사
  - 대한안과의사회 고문
  - 경북대 법대, 연세대 언론홍보대학원
  - 사법시험 45회, 사업연수원 35기

- 이 정 일
  - 변호사
  - 성북구청 자문변호사
  - 성균관대 법학과
  - 사법시험 43회, 사법연수원 33기

- 조 영 선
  - 변호사
  - 법무부 인권옹호위원회 위원
  - 성균관대
  - 사법시험 41회, 사법연수원 31기

CHAPTER

1 총 설

1 관급공사의 입찰 시 도급계약의 진행
2 관급공사의 입찰과 낙찰에 대한 분쟁
3 건설면허를 대여해준 건설 회사의 책임
4 공동아파트 건축사업 진행 시 시공사인 건설회사의 유의점
5 공사 진행 중 수급인이 도산하는 경우의 발주처의 대처요령

1 관급공사의 입찰 시 도급계약의 진행

Q

관급공사의 입찰시 도급계약의 진행은 어떻게 진행되는 것인지요.

A

1. 건설도급계약의 체결방식[1]

보통 건설공사에 관한 건설도급계약은 크게 ① 구두에 의한 방법, ② 계약서에 의하는 방법, ③ 입찰에 의한 방식으로 나누어집니다.

그 중, 계약서에 의한 경우에는 국가를당사자로하는계약에 관한법률 시행규칙상 별지서식으로 정한 '공사도급표준계약서'와 국토교통부 고시로 정한 '민간건설공사표준도급계약서'가 널리 사용되고 있는데(http://www.molit.go.kr 참조), 그러한 계약서에는 공사내용, 도급금액, 지급시기와 지급방법, 공사기간,

1) 이하, 윤재윤, 건설분쟁관계법(개정판), 2006. 박영사. pp88~92 참조

계약보증금, 위약금, 천재지변시 위험부담, 지체상금, 하자담보책임 등에 관하여 구체적으로 명시하여 둘 필요가 있습니다.

특히, 국가와 건설도급계약을 체결하는 경우에는 일단 '경쟁'에 붙여야 하고, 그 방법은 '입찰'방법으로 하도록 규정하고 있습니다(국가를당사자로하는계약에관한법률 제7조, 시행령 제10조).

2. 입찰도급방식의 유형

(1) 입찰에 의한 계약방식은 특히 국가, 지방자치단체와 건설도급계약을 체결하는 경우에 많이 행해지는데, 아래와 같은 하나의 형식으로 하거나, 여러 형식이 혼합하는 경우가 많으므로, '입찰공고문안'을 꼼꼼히 살펴볼 필요가 있습니다.

(2) 그러한 유형으로는 ① 신문, 게시판 등에 입찰자를 널리 모으는 '일반 공개입찰' 방식, ② 건축주가 시공에 적합하다고 생각하는 수명을 지명하여 입찰케 하는 '지명 경쟁입찰' 방식, ③ 공사의 시공에 적합한 1인을 특정하여 입찰하는 '수의입찰' 방식, ④ 건축주가 시공에 적합하다고 생각하는 2~3개 업체를 지정하여 견적서를 받는 '비교견적입찰' 방식 등이 있습니다.

3. 일반적인 입찰절차

입찰절차는 보통 '입찰공고 → 입찰자 등록 → 건축주의 현장설명 → 견적서 제출 → 입찰의 실시 → 입찰서 개찰 → 낙찰자 결정'의 순서로 진행됩니다.

'발주자'는 낙찰 전에 미리 공사 예정가격을 정하여 두고 그 이내인 자를 낙찰시키는 것이 보통인데, 낙찰자가 없으면 다시 입찰공고를 하여 재입찰을 실시하고, 재입찰에도 낙찰자가 없으면 최저입찰자로부터 차례로 교섭하여 수의계약을 체결하게 됩니다.

그리고 '입찰자'는 입찰 전에 입찰보증금(일반적으로 공사비의 5% 정도)을 현금이나 입찰보증서, 채권 등으로 납부하여야 합니다.

특히, 국가를당사자로하는계약에관한법률에 근거한 회계예규인 '공사입찰유의서'에 따르면, 낙찰자는 계약담당공무원으로부터 낙찰통지서를 받은 후 10일 이내에 소정의 계약서에 의하여 계약을 체결하여야 하며(제19조 제1항), 계약담당공무원과 낙찰자가 계약서를 작성하고, 기명, 날인함으로써 확정되게 됩니다(제20조). 그러나 낙찰자가 정당한 이유 없이 위 기간 내에 계약을 체결하지 않는 경우에는 계약담당공무원으로부터 낙찰 취소조치를 받게 됩니다(제3항).

4. 관급공사의 적격심사 낙찰제

한편, 정부는 종래 최저가만으로 낙찰자를 결정함으로써 덤핑(dumping)입찰, 부실시공의 악순환이 발생하는 것을 방지하기 위하여 경쟁입찰 시 입찰가격외에도 이행실적, 기술능력, 경영상태, 과거 이행성실도 등을 종합적으로 심사하는 '적격심사낙찰제'를 실시하고 있습니다. 다만 입찰가격의 적정성뿐만 아니라 시공실적 중 하도급 준 부분, 실적산정 기준 시기 등에 따라 실적이 달라져서 다툼이 발생하고 있는 실정입니다.

참조판례

대법원 2006.4.28. 선고 2004다50129 판결 【낙찰자지위확인소송】

[1] 국가를 당사자로 하는 계약에 관한 법률 제10조 제2항 및 같은 법 시행령 제42조에 따라, 국고의 부담이 되는 경쟁입찰에 있어서는 예정가격 이하로서 최저가격으로 입찰한 자의 순으로 계약이행능력을 심사하여 낙찰자를 결정하며, 계약이행능력심사는 입찰자의 이행실적, 기술능력, 재무상태, 과거 계약이행 성실도, 자재 및 인력조달가격의 적정성, 계약질서의 준수정도, 과거 공사의 품질정도 및 입찰가격 등을 종합적으로 고려하여 재정경제부장관이나 재정경제부장관과 협의를 거친 중앙관서의 장이 정하는 심사기준에 따라 세부심사기준을 정하여 적격 여부를 심사하여야 하는바, 이와 같은 국가를 당사자로 하는 계약에 관한 법률 및 같은 법 시행령의 적격심사제 관련 규정은 국가가 사인과의 사이의 계약관계를 합리적·효율적으로 처리할 수 있도록 관계 공무원이 지켜야 할 계약사무처리에 관한 필요한 사항을 규정한 것으로, 국가의 내부규정에 불과하다.
[2] 입찰자의 적격심사를 담당하는 국가의 계약담당공무원이 전년도에 하자보수를 지체한 자에 대하여 감점하도록 정한 심사기준의 특별신인도 항목을 해석·적용함에 있어서, 부정당업자에 대한 입찰참가자격을 제한한 국가를 당사자로 하는 계약에 관한 법률 시행령 제76조 제4, 5항을 유추적용하여, 하자보수를 지체하였던 법인의 변경 전 상호를 사용하고 그 법인의 대표자를 대표이사로 선임하여

입찰한 법인에 대하여 하자보수를 지체하였던 법인과 마찬가지로 특별신인도 항목에 관한 심사기준을 적용하여 감점조치를 한 것이 같은 법상 적격심사 관련 규정의 해석·적용에 관한 정당한 결정 범위 내에서 이루어진 것으로서 위법하다고 할 수 없다고 한 사례.

대법원 2012.5.17. 선고 2009다105406 전원합의체 판결 【공사대금】

공동도급계약운용요령 자체는 국가가 사인과의 계약관계를 공정하고 합리적·효율적으로 처리하기 위하여 관계 공무원이 지켜야 할 계약사무처리에 관한 필요한 사항을 정한 국가의 내부규정에 불과한 것이고 공동수급체나 그 구성원들의 권리·의무를 직접 규율하는 것이 아니다.

2 관급공사의 입찰과 낙찰에 대한 분쟁

Q

관급공사의 입찰과 낙찰을 둘러싼 다툼에는 어떠한 것들이 있는지요.

A

1. 입찰·낙찰의 무효에 관한 규정

국가를당사자로하는계약에관한법률 시행령 제39조 제4항에 따르면, ① 법령 등에 의하여 일정한 허가, 인가, 면허, 등록, 신고 등을 요하거나 자격요건을 갖추어야 하는 경우에 그 요건을 갖추지 않은 경우, ② 특수한 설비 또는 기술을 요하는 공사계약에 있어 요청한 공사실적, 물품제조실적, 납품 실적이 미달한 경우 등의 입찰은 '무효'로 하도록 규정하고 있습니다(시행령 12조, 제21조 참조). 그리고 각 중앙관서의 장 또는 계약담당공무원은 경쟁참가자의 자격을 제한하고자 할 때에는 입찰공고에 그 제한사항과 제한기준을 명시하도록 하고 있습니다.

2. 대법원의 판례상 나타난 관급공사 계약의 무효사유

대법원은 단순히 계약관련 법령에 위배되었다는 사정만으로는 사법상의 계약이 무효라고 할 수 없지만(원칙적 유효), 다만 ① 그 법령이나 절차의 위반으로 인하여 공정성, 공공성이 현저히 침해되어 이를 무효로 하지 않으면 정의에 반한 중대한 하자가 있고, ② 상대방이 이러한 사정을 알거나 알 수 있었을 경우 또는 누가 보더라도 낙찰자의 결정 및 계약체결이 선량한 풍속 기타 사회질서에 반하는 행위에 의하여 이루어진 경우가 명백한 경우에는 무효라고 밝히고 있습니다(대법원 2001.12.11. 선고 2001다33604판결 등).

3. 입찰관계를 다투는 소송의 종류

입찰관계를 다투는 소송은 입찰참가자가 입찰시행자를 피고로 하여, 하자있는 낙찰자선정무효확인 소송, 낙찰자지위확인의 소, 적격심사대상자지위확인의 소, 절차의 속행금지의 소 등의 형태로 제기할 수 있습니다. 다만, 입찰참가자는 입찰시행자를 상대로 위 소송을 제기할 수 있을 뿐이고, 낙찰자나 다른 입찰참가자를 상대로 하여 제기할 수는 없다고 할 것입니다.

4. 국가 등이 실시하는 입찰절차에 대한 가처분의 유형

그러나 하자 있는 입찰절차가 그대로 진행되어 계약이 체결되고, 그에 따라 계약이행이 상당한 정도로 진행되면 계약을 무효로 하고 입찰절차의 하자를 시정한다는 것은 현실적으로 어렵고 무의미해지므로 통상 재판상의 권리구제는 다음의 경우 '가처분'을 제기하는 형태로 진행되는 것이 실무입니다. 즉, ① 적격심사절차에서 낙찰자로 선정되지 않은 선순위 저가(低價) 입찰자가 자신을 낙찰자로 선정하지 않은 조치가 위법하다는 이유로 후순위 저가 입찰자에 대한 적격심사 등 절차의 중지를 요청하는 경우, ② 선순위 저가 입찰자에 대한 낙찰자 선정 또는 적격심사대상자 지위 인정이 위법하다는 이유로 후순위 저가 입찰자가 낙찰자선정 등의 효력을 다투는 경우, ③ 입찰실시기관이 진행 중인 입찰절차를 취소한 조치의 효력을 다투는 경우입니다. 이러한 유형 중 ①, ② 유형이 가처분의 대부분을 차지하며, 내용상으로는 적격심사대상자에 대한 평가점수와 관련하여 적격심사기준의 해석적용을 다투는 사안이 대부분입니다.[2)]

2) 윤재윤, 앞의 책, p96 참조

참조판례

대법원 2001.12.11. 선고 2001다33604 판결 【지위보전가처분】

계약담당공무원이 입찰절차에서 국가를당사자로하는계약에관한법률 및 그 시행령이나 그 세부심사기준에 어긋나게 적격심사를 하였다 하더라도 그 사유만으로 당연히 낙찰자 결정이나 그에 기한 계약이 무효가 되는 것은 아니고, 이를 위배한 하자가 입찰절차의 공공성과 공정성이 현저히 침해될 정도로 중대할 뿐 아니라 상대방도 이러한 사정을 알았거나 알 수 있었을 경우 또는 누가 보더라도 낙찰자의 결정 및 계약체결이 선량한 풍속 기타 사회질서에 반하는 행위에 의하여 이루어진 것임이 분명한 경우 등 이를 무효로 하지 않으면 그 절차에 관하여 규정한 국가를당사자로하는계약에관한법률의 취지를 몰각하는 결과가 되는 특별한 사정이 있는 경우에 한하여 무효가 된다고 해석함이 타당하다.

대법원 2014.1.23. 자 2013마2088 결정 【임시지위보전가처분】

지방조달청이 입찰절차에서 甲을 낙찰자로 결정하였으나, 차순위자인 乙이 위 결정에 이의를 제기하자 다시 적격심사를 실시하여 위 결정을 취소한 사안에서, ~ 채무자가 적격심사 세부기준을 잘못 적용하여 채권자 甲을 낙찰자로 선정한 이 사건 낙찰자 선정결정을 곧바로 취소하고 새로운 적격심사를 통하여 乙을 낙찰자로 결정한 조치에 별다른 하자가 있어 보이지 않을 뿐 아니라, 설령 乙을 낙찰자로 결정한 조치에 일부 하자가 있더라도 그러한 하자가 입찰절차의 공공성과 공정성이 현저히 침해될 정도로 중대하고 누가 보더라도 낙찰자의 결정 및 계약체결이 선량한 풍속 기타 사회질서에 반하는 행위에 의하여 이루어진 것임이 분명하여 위 조치를 무효로 하지 않으면 그 절차에 관하여 규정한 관계 법령 및 심사기준의 취지를 몰각하는 결과가 되는 특별한 사정이 있는 경우에 해당한다고 볼 자료도 없는 점 등을 종합하여 보면, 채무자가 채권자에 대한 이 사건 낙찰자 취소결정을 하고 새로운 적격심사를 통하여 차순위자인 乙을 낙찰자로 결정한 조치가 위법하거나 당연 무효라고 볼 수 없고, 오히려 이 사건 낙찰자 취소결정은 적격심사 세부기준을 잘못 적용하여 채권자를 낙찰자로 선정한 낙찰자 선정결정의 잘못을 바로잡은 정당한 조치라고 봄이 상당하다.

3 건설면허를 대여해준 건설 회사의 책임

Q

B 건설사는 일부 건설면허에 대해서 면허취소가 된 상황에서 부득이하게 A 건설사의 건설면허를 차용하여 도급인과 사이에 A 건설사의 명의를 빌려 공사계약을 체결하고, A 건설사의 승낙 아래 현장사무실의 간판을 사용하면서 자신 직원을 현장소장으로 하여 건물신축공사를 진행하였습니다. 그런데 건물신축을 위하여 터파기 공사를 진행하던 중 쉬트 파일(sheet pile)이 붕괴되어 옆집 건물의 일부를 붕괴시켰습니다. 한편 B 건설사는 공사 진행 중 자금이 부족하여 A 건설사 명의로 제3자로부터 자금을 대여 받기도 하였습니다. 이 경우에 A 건설사는 어떠한 책임이 있는가요.

A

1. 실무상의 '면허대여'

건설 실무에서는 회사끼리 건설면허를 빌려 주거나, 빌려서 공사를 하고, 건설 회사끼리 공사대금을 나누는 경우가 많습니다. 이 경우에 도급자가 건설면허를 빌리거나 빌려준 회사에 대해서 '건설업 면허 대여금지'를 위반하였다는 점을 들어 형사고소를 하는 경우도 있습니다(건설산업기본법 제21조, 같은 법 제96조 제3호). 따라서 건설면허를 대여하는 행위를 하여서는 아니 되는 것입니다. 어쨌든, 건설면허를 대여한 A의 책임을 살펴보면 다음과 같습니다.

2. 면허대여자의 책임

(1) 건설면허를 대여한 A가 상법 제24조(명의대여자 책임)에 의하여 'B가 건물 터파기 공사를 진행 중에 옆 집 사람에게 가한 건물붕괴'에 대해서 책임이 있는지 문제가 됩니다. 이와 같은 '불법행위'의 경우에는 설령 피해자가 명의대여자 A를 공사 책임(영업주) 회사로 오인하고 있었더라도 이와 같은 오인과 피해의 발생 사이에 아무런 인과관계가 없으므로 A는 책임이 없다고 할 것입니다(대법원 1998.3.4. 선고 97다55621 판결). 그러나 B와 A의 내부관계가 외형적으로 지휘·감독 관계로 보일 여지가 있는 경우에는 예외적으로 A가 B와 연대하여 책임을 지게 됩니다.

(2) B가 'A의 명의를 도용하여 차용증을 작성'해 준 경우에 이러한 행위를 한 자가 차용증 위조 등의 형사적인 처벌을 받는 것은 별론으로 하더라도, A는 명의를 대여한 것이고, 제3자가 영업주로 오인함에 과실이 없는 경우에는 A도 '대여금'에 대하여 책임을 져야 합니다.

(3) 결론적으로, 건설업을 영위하면서 서로 친분관계 때문에 건설면허를 대여해 주거나 대여 받는 경우가 많은데, 건설면허를 대여하는 경우에 '형사적인 처벌과 상법상 25조의 책임 및 민사 불법행위 책임'까지 부담하는 경우가 있으므로, 건설회사가 건설면허를 대여해 주는 것은 신중을 기해야 할 것입니다.

참조판례

대법원 2008.10.23. 선고 2008다46555 판결 【공사대금】

상법 제24조는 명의를 대여한 자를 영업의 주체로 오인하고 거래한 상대방의 이익을 보호하기 위한 규정으로서 이에 따르면 명의대여자는 명의차용자가 영업거래를 수행하는 과정에서 부담하는 채무를 연대하여 변제할 책임이 있다. 그리고 건설업 면허를 대여한 자는 자기의 성명 또는 상호를 사용하여 건설업을 할 것을 허락하였다고 할 것인데, 건설업에서는 공정에 따라 하도급거래를 수반하는 것이 일반적이어서 특별한 사정이 없는 한 건설업 면허를 대여 받은 자가 그 면허를 사용하여 면허를 대여한 자의 명의로 하도급거래를 하는 것도 허락하였다고 봄이 상당하므로, 면허를 대여한 자를 영업의 주체로 오인한 하수급인에 대하여도 명의대여자로서의 책임을 지고, 면허를 대여 받은 자를 대리 또는 대행한 자가 면허를 대여한 자의 명의로 하도급거래를 한 경우에도 마찬가지이다.

대법원 1989.9.29. 선고 89도1356 판결
【특정범죄가중처벌등에관한법률위반(조세포탈), 건설업법위반】

[1] 건설업면허를 받은 건설회사가 건설공사를 직접 시공한 일이

없이 타인에게 건설업면허를 대여하고 그로 하여금 회사명의로 건설공사를 시공하도록 한 경우 위 회사가 재화나 건설용역을 공급한 일이 없는 이상 재화나 용역의 공급을 과세대상으로 하는 부가가치세를 납부할 의무는 성립할 여지가 없다.

[2] 전항의 경우 실질적으로 건설업을 경영하여 소득을 얻어 경제적 이익을 향수한 것은 건설업면허를 대여 받아 실제로 건설공사를 시공한 사람들이라고 할 것이므로 실질과세의 원칙을 구체화하면서 소득세법시행령 제21조와 같은 예외를 인정하지 않고 있는 법인세법 제3조의 규정내용에 비추어 단순한 법률상의 명의자에 불과한 위 회사에게는 건설업면허를 대여함으로 인하여 얻은 소득에 관하여 법인세와 방위세를 부과함은 별론으로 하고, 위 회사가 건설업을 경영하여 소득을 얻은 것으로 보아 그 소득에 관한 법인세와 방위세를 부과할 수는 없다.

4 공동아파트 건축사업 진행 시 시공사인 건설회사의 유의점

Q

1,000세대가 입주할 수 있는 공동아파트 건축 및 분양 사업을 시행하고자 하는 시행사 A는 아파트 건축 시공자로 B 건설사를 선정하였고, 동시에 B는 A의 금융기관에 대한 P·F (Project Financing)에 연대보증을 하는 등 적극적으로 공동아파트 건축 사업에 참여를 하였습니다. 아파트 건축 시공자 B는 시행사인 A 회사와 사이에 공사도급계약을 체결하고 아파트 건축을 완료하여 준공승인까지 얻어 주었는데, 입주자들은 아파트 주위 환경에 관한 조망권, 일조권 등이 분양당시와 다르다거나, 혐오시설인 공동묘지 또는 군사시설이 있다는 것을 이유로 분양계약 취소는 물론 아파트 건축 시공자인 B에게도 사기 분양 등을 이유로 한 손해배상청구 소송을 제기하였습니다. 이런 상황을 예방하기 위한 건축 시공자 B의 유의점은 무엇인가요.

A

1. 적용법령에 따른 참여방법 차이

(1) 건축 시공자인 B는 자신이 참여하는 건축 사업이 도시및

주거환경정비법(이하 도정법)의 적용을 받는 사업인지, 아니면 주택법의 적용되는 사업인지에 여부에 따라, 사업에 '참여 방법'이 달라지므로, 먼저 어느 법령이 적용되는 사업인지를 확인해야 합니다.

(2) 건축사업 진행에 적용법령이 도정법의 경우 시공사 선정이 입찰방식이고, 사업주체가 조합인 반면에, 주택법의 경우에 시공사 선정방식이 수의계약도 가능하고, 시공 건설사도 직접·간접적으로 아파트 건축 사업 및 분양 사업에 참여도 가능합니다. 이 사건의 경우에는 주택법의 적용을 받는 아파트 건축사업이므로, 다음 항에서 이를 살펴보겠습니다.

2. 주택법 적용의 경우 시공사인 건설회사가 주의할 점

(1) 건축 시공자인 B는 사업자금에 대하여 연대보증을 서는 것이므로 '사업성 검토'를 잘 하여야 합니다. 최소한 70% 이상 분양이 가능할 것인지, 분양수익을 어떻게 배분할 것인지 하는 문제도 중요하지만, 아파트 건축 후 조망권 문제는 없는지, 주변에 공동묘지 또는 군사시설 등 기피시설이 있는지 여부도 면밀히 검토하여야 합니다.

(2) 또한 건축 시공자인 B도 사업자금에 대하여 연대보증을 서는 것이므로, 건축 시공자인 B는 사업부지의 신탁, 자금집행 방법, 분양수익에 관한 수익배분, 분양 중도금에 대한 이자대납 등의 약정을 하는 경우가 많습니다.

더구나 최근 지방법원의 판결 중에는 '건축시공 회사가 연대보증을 서고, 아파트 분양수익에 대한 일정한 이익을 제공받는 등의 사정이 있다는 이유로 건축 시공사도 공동불법행위 책임을 인정하는 사례'가 증가하고 있습니다.

따라서 건축 시공자인 B가 '아파트 건축 사업에 참여하는 정도'를 명확히 해야 하는데, 절대로 하여서는 안 되는 사항은 시행사와 공동사업약정을 체결하거나, 또는 시공사, 신탁회사 등과 어떤 형태의 공동사업약정서를 체결하는 것은 회피해야 된다는 것입니다.

⑶ 한편으로는 분양대상인 아파트에 관한 정보를 '고지'하는 경우에 분양계약서에 알아보기 쉽게 표시하거나, 주의사항을 설명하였다는 설명확인서를 징구하여 충분히 고지하였다는 자료를 확보하여야 할 것입니다.

5 공사 진행 중 수급인이 도산하는 경우의 발주처의 대처요령

Q

발주처인 A 회사는 수급인 B 건설사와 공사도급계약을 체결하여 공사 현장에 B 건설사가 현장에 상주하면서 B 건설사로부터 하수급인 회사 및 자신의 근로자들로 하여금 공사를 진행하고 있었습니다. 그런데, 수급인 B 건설사가 도산하는 경우 발주처 A 회사는 어떠한 조치를 취하는 것이 적절한지요.

A

1. 수급인의 도산상황

공사를 진행하다가 수급인 B가 도산을 하게 되면 발주처인 A의 공사현장에서는 수급인 B의 하수급인 회사 또는 현장 근로자들이 공사 진행을 거부하거나 또는 공사 타절과 관련하여 공사 현장 장비들을 철거하지 않아서 현실적인 공사 진행이 불가능해 집니다. 때로는, 수급인 B 또는 하수급인의 회사의 근로자들이 발주처인 A의 사무실까지 찾아와 업무 지장을 주는 경우도 있습니다. 또 기성공사비 지급과 관련하여 수급인 B의 근로자 및 하수급인 회사들의 직불지급, 채권가압류 또는 압류 상황에 빠져 기성공사비 지급처리를 할 수 없는 경우도 있습니다.

2. 발주처의 대처

⑴ 발주처인 A는 수급인 B가 부도 상황 또는 자금 사정이 어려운 기미가 있다면 특히 '공사현장 관리·감독'을 가장 우선적으로 신경을 써야 합니다. 무엇보다 공사 공기를 맞추는 것이 중요하므로 도산 상황에서 수급인 B 또는 하수급인이나 근로자들이 공사현장을 점유하면서 유치권을 주장하거나 후속 업체가 공사현장에 투입되지 못하도록 기존 공사현장에 투입된 기계 건설 장비를 빼내지 않는 상황이 되지 않도록 관리·감독하여야 합니다.

⑵ 또한 '기성공사비'의 지급과 관련하여 공사현장에 투입된 수급인 B의 근로자 및 하수급인 회사들과 가장 먼저 협의를 진행해야 합니다. 이 경우 기성고를 명확히 파악한 다음에 기성고 범위 내에서 하도급대금의 직불이 가능한지와 그 지급 범위를 파악하여 지급여부를 신속히 결정하여 현장 공사가 중단되지 않도록 하여야 합니다. 공사 타절과 동시에 새로운 업체를 공사현장에 투입할 것인지, 새로운 업체 투입 시 추가 공사비 부담은 없는지 여부를 신속히 판단 결정하여야 합니다.

공사 타절 시에는 수급인 B가 어떠한 유형의 공동수급체인지도 잘 검토하여야 합니다.

(3) 그리고 도급계약에서 '선급금'을 지급하는 경우가 많으므로 선급금과 기성공사비의 정산을 명확히 하여야 하고, 공사도급계약의 해제·해지로 인한 손해배상청구권, 선급금을 돌려받거나 계약이행보증금을 청구할 수 있는지 여부를 확인하여야 합니다.

(4) 특히 발주처인 A는 수급인 B가 도산으로 인하여 파산절차를 밟는지, 회사회생절차를 밟는지를 살펴, 그에 따른 '채권확보 방법'을 사전에 확인해 두어야 합니다. 파산채권인지 아니면 재단채권인지(파산의 경우), 공익채권인지 아니면 정리채권인지(회사회생절차인 경우)에 따라 권리실현 방법이 상이하므로, 일정한 기간 안에 관련법이 요구하는 방법에 따라 채권신고를 하여야 최종적으로 손해를 최소화 할 수 있을 것입니다.

CHAPTER

2 공사대금

1 도급인이 아닌 제3자(신탁회사)에 대한 공사대금지급청구

Q

A 건설사는 B 건축주와 인천 주안동 일대에 상가를 신축하여 분양하기로 도급계약을 맺고 공사를 진행하던 중, B 건축주는 C 토지신탁회사와 부동산처분신탁계약 및 자금관리대리계약을 맺었는데, 그러한 계약 내용 중에는 분양대금을 C 토지신탁회사가 관리하도록 하고, 또 자금집행방법으로 '건설비 등은 건축주의 요청에 의하여 부동산신탁회사가 당사자에게 직접 지급함을 원칙으로 한다.' 는 내용이 포함되었습니다. 이 경우 A 건설사는 C 토지신탁회사에 대하여 직접 공사대금을 청구할 수 있는지요.

A

1. 건축 사업진행을 위한 부동산신탁

건축주의 토지 등은 건설사의 입장에서는 공사대금을 담보할 수 있는 중요한 재산이라고 할 것인데, 건축주의 토지와 같은 재산이 제3자의 소유로 변경되는 경우, 건설사의 입장에서는 건축주의 재산이 감소하여, 충분한 담보를 확보할 수 없어 결과적으로 공사대금을 모두 수령할 수 없는 지경에 빠질 우려가 있습니다. 그러나 한편으로 건축주로서는 사업의 원활한 진행을 위해 부동산을 신탁하여 사업을 진행하는 경우가 자주 있게 됩니다.

2. 부동산처분신탁 법률관계

통상적으로 '부동산처분신탁'이란 건축주가 자신의 소유였던 토지 등의 부동산을 신탁회사에게 그 소유권을 이전 및 신탁 등기하여 신탁회사가 자신의 명의로 이를 보존관리하고, 이후 나중에 이를 처분하여 처분대금을 건축주에게 교부하도록 하고, 신탁회사는 신탁을 의뢰한 건축주 등으로부터 이에 관한 보수를 수령하는 것을 예정하고 있는 것입니다. 그리고 이러한 부동산신탁관계는 기본적으로는 '신탁회사와 건축주' 간의 양자 간에 이루어지는 법률관계라고 할 것이고, 여기서 건축주의 토지에 대하여 이해관계를 가지고 있는 '건설사'로서는 부동산처분신탁 관계에 있어서 직접 계약 당사자가 아닌 '제3자'에 불과합니다.

3. 공사대금 지급 의무자

(1) 건축도급계약에서 수급인은 도급인에게 공사대금을 청구하는 것이 원칙적인 모습입니다. 그런데 이 사건에서는 "건설비 등을 건축주의 요청에 의하여 부동산신탁회사가 당사자에

게 직접 지급함을 원칙으로 한다."는 조항에 기하여 건설사가 건축주가 아닌 제3자인 부동산신탁회사에 대하여 직접 공사대금을 청구할 수 있을 지가 문제되었습니다.

(2) 이 사건에서 대법원은 '건축주와 부동산신탁회사 사이에 그러한 약정을 하였다고 하더라도 이는 부동산신탁회사가 자신의 명의로 예금계좌를 개설하여 그 계좌로 분양대금을 받아 자금관리를 하였기 때문으로 보이고, 도급계약의 당사자도 아닌 부동산신탁회사가 상가건물의 건축공사의 수급인에 대하여 공사대금지급채무를 인수할 뚜렷한 이유가 없다'고 하여 건설사 A가 신탁회사 C에 대하여 직접 공사대금지급청구를 할 수 없다고 판시하였습니다(대법원 2006.9.14. 선고 2004다18804 판결).

(3) 이 사건에서, 만약 A가 C와 사이에, C가 직접 공사대금을 지급하겠다는 취지의 별도의 약정을 맺었다면, C에 대하여 직접청구를 할 수 있을 것입니다. 그러나 사실상 신탁회사와 그러한 별도의 약정을 맺기 어렵다고 한다면, A로서는 B에 대한 공사대금 지급을 명하는 판결을 얻은 다음, C명의로 신탁등기된 A의 부동산에 대하여 강제집행 여부를 다시 검토하여야 하는 번거로움이 있게 될 것입니다.

참조판례

대법원 2006.9.14. 선고 2004다18804 판결 【전부금】

(부동산처분신탁계약의) 특약 제6조 제1항 및 자금관리대리사무계약 제9조 제1항에서 자금집행의 방법으로 B(건축주)의 요청에 의하여 피고(C 신탁회사)가 당사자에게 직접 지급함을 원칙으로 한다고 하고, 자금관리대리사무계약 제5조 제4항에서 공사비는 B(건축주)의 요청에 의하여 피고가 A건설에게 직접 지급하기로 한 것은, 피고 C가 피고 C 명의의 예금계좌를 개설하여 그 계좌로 분양대금을 받아 자금관리를 하기로 하였기 때문으로 보이고, 여기에 도급계약의 당사자도 아닌 피고 C가 A 건설에 대한 공사대금지급채무를 인수할 뚜렷한 이유가 없는 점, 위 각 조항은 B와 피고 C 사이에 A건설 또는 제3자에게 직접 권리를 취득하게 하는 것을 목적으로 하는 것이라기보다는 자금집행의 순서 또는 방법을 정한 것으로 보이는 점 등을 더하여보면 A 건설은 위 각 조항에 의해서 피고 C에게 직접 공사대금지급청구를 할 수 없고, 따라서 그러한 공사대금지급청구권이 있음을 전제로 하는 제2차 전부명령은 무효라고 할 것이다.

2 공사대금(계약금액)의 기준가격

Q

A 건설회사는 B 건축주와 공장건물건축도급계약을 체결하고, 공사를 진행하던 중, 설계 및 사양변경으로 인한 공사대금 증액과 관련하여 B 건축주와 다툼이 생겼습니다. 공사계약을 체결하는 경우나 설계변동 등으로 계약금액을 조정할 필요가 있는 경우, 어떤 가격을 기준으로 하여야 하는지요.

A

1. 관급공사인 경우

(1) 예정가격

먼저 관급공사에서는 경쟁 입찰에 부치려고 하는 공무원이 입찰 또는 계약체결 전에 낙찰자 및 계약금액의 결정기준으로 삼기 위하여 미리 작성·비치하여 두는 가격, 즉 '예정가격'이라는 것이 있는데(국가를당사자로하는계약에관한법률 시행령

제2조 제2호, 제7조의 2 제1항), 이러한 예정가격은 ① 적정한 거래가 형성된 경우에는 그 '거래실례가격'을 기준으로 하고, ② 신규나 특수한 경우처럼 거래실례가격이 없는 경우는 원가계산에 의한 가격 ③ 공사의 경우는 중앙관서장이 인정한 실적공사비, ④ 위 각 경우에 의할 수 없는 경우에는 감정가격, 유사 물품 등의 거래실례가격, 견적가격을 기준으로 결정하게 됩니다(시행령 제9조 제1항). 그러므로 실제 계약체결을 결정짓는 것이나 설계변경으로 계약금 증액을 결정짓는 주요한 기준은 아래에서 살펴보는 '계약단가'라고 할 것입니다.

⑵ 계약단가

관급공사의 입찰에 참여하려고 하는 공사업자 등은 입찰서와 함께 물량내역서에 단가를 적은 서류, 즉 산출내역서를 제출하여야 하는데, 이 때 '산출내역서 상의 단가'를 '계약단가'라고 합니다(시행령 제14조 제6항, 7항). 특히 이렇게 물량내역서를 직접 작성하고 단가를 적은 산출내역서를 제출한 경우, 나중에 물량내역서의 누락사항이나 오류가 발견되더라도 이를 기초로 한 계약금액을 변경할 수 없으므로 주의가 필요하다고 할 것입니다(시행령 제65조 제1항).

⑶ 설계변경으로 인한 계약금액의 조정의 기준

한편 공사계약에 있어서 설계변경으로 인하여 공사량의 증감이 발생한 때에는 법률에 따라 당해 계약금액을 조정하여야 하는데(시행령 제65조 제1, 2항), 이때 계약금액의 조정기준은 ① 증감된 공사량의 단가는 산출내역서 상의 단가 – 계약단가 – 를 기준으로 하게 됩니다. 그리고 ② 계약단가가 없는 신규비목의 단가는 설계변경 당시를 기준으로 하여 산정한 단가에 낙찰률을 곱한 금액을 기준으로 하고, ③ 정부에서 설계변경을 요구한 경우에 증가된 물량 또는 신규비목의 단가는 설계변경당시를 기준으로 하여 산정한 단가와 동 단가에 낙찰률을 곱한 금액의 범위 안에서 계약 당사자 간에 협의하여 결정하되, 협의가 이루어지지 않는 경우에는 설계변경당시를 기준으로 하여 산정한 단가와 동 단가에 낙찰률을 곱한 금액의 100분의 50으로 정하도록 되어 있습니다(같은 조 제3항).

2. 민간공사의 경우

민간 공사의 경우에는 사적자치 혹은 계약자유의 원칙상 당사자 간의 합의로 결정할 수 있고, 관급공사의 경우에 적용되는 '국가를 당사자로 하는 계약에 관한 법령'이 원칙적으로는 적용되지 않는다고 할 것입니다.

그러나 민간공사에서도 설계변동이나 물가변동 등으로 계약금액의 조정이 필요할 경우가 생길 것이고, 이 경우 당사자 간의 협의가 이루어지지 않는다고 한다면, 위에서 살펴본 관급공사에서의 규정이 하나의 기준이 된다고 할 수 있을 것이어서, 관급공사와 같이 '계약단가'가 일응의 기준이 될 것입니다(민간건설공사표준도급계약서 참조).

참조판례

대법원 2003.10.24. 선고 2002다4948 판결 【선박건조대금】

구 국가를당사자로하는계약에관한법률시행규칙(1998.2.23. 총리령 제682호로 개정되기 전의 것) 제74조 제1항은, 물가변동으로 인한 계약금액 조정의 기준이 되는 '품목조정율'은 각 품목 또는 비목의 수량에 등락폭을 곱하여 산출한 금액의 합계액을 계약금액으로 나누어 산출하고, '등락폭'은 계약단가에 등락율을 곱하여 산출하며, '등락율'은 물가변동당시가격에서 계약체결당시가격을 뺀 다음 이를 계약체결당시가격으로 나누어 산출하도록 규정하면서, '물가변동당시가격'이라 함은 물가변동 당시 산정한 각 품목 또는 비목의 가격을, '계약체결당시가격'이라 함은 계약체결 당시 산정한 각 품목 또는 비목의 가격을 말한다고 규정하고 있고, 같은 조 제3항은 제1항의 등락폭을 산정함에 있어서는 물가변동당시가격이 계약단가보다 높고 계약단가가 계약체결당시가격보다 높을 경우의 등락폭은 물가변동당시가격에서 계약단가를 뺀 금액으로 하고, 물가변동당시가격이 계약체결당시가격보다 높고 계약단가보다 낮을 경우의 등락폭은 영으로 한다고 규정하고 있는 바, '물가변동당시가격'이나 '계약체결당시가격' 또는 '계약단가'는 각기 별개의 개념으로서 '물가변동당시가격'은 물가변동 당시의 객관적인 거래가격을, '계약체결당시가격'은 계약체결 당시의 객관적인 거래가격(입찰의 경우에는 입찰예정가격이 계약체결당시가격으로 될 수 있다)을 말하고, 다만, 객관적인 거래가격이 없는 품목에 있어서는 실제의 계약단가 또는 실제구입가격 그 자체가 계약체결당시가격 또는 물가변동당시가격으로 인정될 수 있다.

대법원 2009.9.10. 선고 2009다34665 판결 【공사대금등】

[1] 한국철도시설공단이 발주한 공사도급계약의 변경계약이, 감사원의 시정요구에 응하여 계약금액의 감액을 합의하되 그 감액사유의 존부에 대하여 추후 객관적 분쟁해결절차를 통하여 다투어 보기로 하는 내용의 이의유보에 관한 합의가 부가된 것이라고 본 사례.
[2] 터널굴착방법의 변경으로 인한 설계변경이 공사계약일반조건에 정한 '신규비목'에 해당하지 않음에도 공사도급계약의 변경계약에서 이를 '신규비목'으로 보아 계약금액을 감액한 것은 부당하므로 도급인은 수급인에게 감액한 금전을 지급할 의무가 있고, 그 금전지급채무는 부당이득반환채무가 아니라 공사대금채무이므로 그 공사대금의 당초 지급기한이 도래한 다음날부터 약정 지연손해금을 지급하여야 한다고 한 사례.

3 공사대금의 지급과 불안의 항변

Q

A 건설회사는 2005.6.경 D 건설회사로부터 기계, 배관 등의 공사를 2005.6.부터 2007.5.까지 공사기간으로 하여 하도급 받으면서, 기성청구는 월 1회, 기성금은 청구일로부터 10일 이내 기성 확정 후 지급하기로 하였습니다. 이후 A 건설회사는 현장상황에 따른 설계변경과 그로 인한 공사비 증액요청을 하면서 아울러 매달 기성청구를 하였는데 D 건설회사는 기성청구에 대하여 어음으로 공사대금을 지급하더니 제13회 기성청구에 대하여는 계약금액을 초과한다고 하면서 기성검사를 거절하였다가, 재차 기성청구에 대하여 계약변경을 하지 않은 상태에서 기성사정 한 후 어음으로 지급하였고, 제14회 기성청구에 대하여도 기성을 거절하더니 계약변경 이후 어음으로 기성금을 지급하였습니다. 이에 A 건설회사는 이미 시행과 집행을 완료한 부분에 대하여 기성금의 일시지급과 양사가 협의한 부분에 대하여 실투입비용 지급을 요청하는 공사대금 증액을 요청하였고, 이후 2007.3.초 15회 기성신청을 하였으나, D 건설회사는 기성지급을 거절하였고, 이에 A 건설회사는 2007.3.말 공사를 중단하고 작업인부들을 현장에서 철수시켰습니다. 이와 같은 A 건설회사의 공사 중단은 정당한 것인가요.

A

1. 원청사의 하수급인의 공사 중단에 따른 계약보증금 청구

이 사건은 원청회사 D가 하수급인 A의 공사 중단을 이유로 계약해제를 통보하고, A의 하도급계약에 대하여 보증보험계약을 체결한 공제조합을 상대로 계약보증금을 청구한 것인데, 그 쟁점은 A의 공사 중단에 대하여 A의 귀책사유가 있느냐, 즉 공사 중단이 정당한 것으로 평가될 수 있느냐에 따라 공제조합이 보증금을 지급하여야 하는지 여부가 판가름 나게 된 것입니다.

2. 공사중단에 대한 하수급인의 '책임 없음' 주장

이 사건에서 하수급인 A는 원청사인 D에 대하여 기성공사대금을 수차 지급 요청하였음에도 불구하고 D가 공사대금이 초과 지급되었다면서 공사대금 지급의무를 부인하고 있으므로, A로서는 공사를 완료하더라도 D로부터 공사대금을 지급받지 못할 현저한 사유가 있으므로, 공사 중단에 대하여 귀책사유가 없다고 주장하였습니다.

3. 하수급인의 '불안의 항변권' 행사로 인한 이행거절

이에 대하여 대법원은 '선이행채무를 지게 된 채무자가 계약 성립 이후 채권자의 신용불안이나 재산상태 악화 등이 사정으로 반대급부를 이행 받을 수 없는 사정이 생기고 이로 인하여 당초의 계약내용에 따른 선이행 의무를 이행하게 하는 것이 공평과 신의칙에 반하게 되는 경우에는 이른바 '불안의 항변권'을 가지게 된다고 하면서, 이 사건과 같이 일정기간마다 이미 행하여진 공사부분에 대하여 그 대가를 지급하기로 약정한 경우에는 그 공사대금의 축차적 지급이 수급인의 장래의 원만한 이행을 보장하는 것으로 전제된 측면도 있다고 할 것인데 도급이 정당한 이유 없이 기성공사대금을 지급하지 않는 경우에는, 비록 도급인에게 신용불안 등과 같은 사정이 없다고 하더라도 수급인은 불안의 항변권을 행사하여 계속 공사 의무의 이행을 거절할 수 있다'고 하여, 결국 'A 건설회사는 공사 중단에 대하여 그 책임이 없다'고 판시하였습니다(대법원 2012.3.29. 선고 2011다93025 판결).

참조판례

대법원 2012.3.29. 선고 2011다93025 판결 【계약보증금】

불안의 항변권을 발생시키는 사유에 관하여 신용불안이나 재산상태 악화와 같이 채권자측에 발생한 객관적·일반적 사정만이 이에 해당한다고 제한적으로 해석할 이유는 없다. 특히 상당한 기간에 걸쳐 공사를 수행하는 도급계약에서 일정 기간마다 이미 행하여진 공사부분에 대하여 기성공사금 등의 이름으로 그 대가를 지급하기로 약정되어 있는 경우에는, 수급인의 일회적인 급부가 통상 선이행되어야 하는 일반적인 도급계약에서와는 달리 위와 같은 공사대금의 축차적인 지급이 수급인의 장래의 원만한 이행을 보장하는 것으로 전제된 측면도 있다고 할 것이어서, 도급인이 계약 체결 후에 위와 같은 약정을 위반하여 정당한 이유 없이 기성공사금을 지급하지 아니하고 이로 인하여 수급인이 공사를 계속해서 진행하더라도 그 공사내용에 따르는 공사금의 상당 부분을 약정대로 지급받을 것을 합리적으로 기대할 수 없게 되어서 수급인으로 하여금 당초의 계약 내용에 따른 선이행의무의 이행을 요구하는 것이 공평에 반하게 되었다면, 비록 도급인에게 신용불안 등과 같은 사정이 없다고 하여도 수급인은 민법 제536조 제2항에 의하여 계속공사의무의 이행을 거절할 수 있다고 할 것이다.

대법원 2005.11.25. 선고 2003다60136 판결 【공사대금】

[1] 일반적으로 건축공사도급계약에서 공사대금의 지급의무와 공사의 완공의무가 반드시 동시이행관계에 있는 것은 아니지만, 도급인이 계약상 의무를 부담하는 공사 기성부분에 대한 공사대금 지급의무를 지체하고 있고, 수급인이 공사를 완공하더라도 도급인이 공사대금의 지급채무를 이행하기 곤란한 현저한 사유가 있는 경우에는 수급인은 그러한 사유가 해소될 때까지 자신의 공사 완공의무를 거절할 수 있다.

[2] 수급인이 책임질 수 없는 사유로 인하여 공사가 지연된 경우에는 그 기간만큼 지체일수에서 제외되어야 할 것이나, 지체일수가 공제되는 수급인에게 책임지울 수 없는 사유란 공사도급계약에서 예상하지 못하였던 사정이 발생하였고, 그 사정으로 인하여 일정한 기간 동안 예정된 공사를 진행할 수 없어 공사의 지연이 불가피하였음을 입증하였어야 하는 것이지 단지 어떤 사유가 수급인의 귀책사유와 경합하여 공사기간이 연장될 가능성만 있는 때에는 배상예정액의 감액에서 고려할 수 있을 뿐이다.

4 공사대금채무와 동시이행 관계에 있는 채무의 범위

Q

도급인 A는 자신 소유의 토지에 근저당권을 설정하여 수급인 B로 하여금 공사에 필요한 자금을 대출받도록 한 사안에서, 수급인 B가 자신의 금융 채무를 해결하고도 근저당권을 말소하지 않고 있는 상황에서, 도급인 A는 수급인 B가 위 근저당권을 말소할 때까지 자신의 공사대금지급채무의 이행을 거절할 수 있는지요.

A

1. 동시이행의 항변권

'동시이행항변권'이란 쌍무계약의 당사자 일방이 상대방이 채무를 이행하거나 이행의 제공을 하지 않은 채 채무이행을 청구하면 자기 채무에 대하여서도 그 이행을 거절할 수 있는 권리를 말합니다. 이는 유치권과 마찬가지로 공평의 원칙과 신의칙에 기초하는 제도이면서, 상대방의 급부를 받지 못한 상태에서 자기의 채무를 이행하여야 하는 위험으로부터 보호된다는 담보적 기능을 가지며 상대방의 이행을 촉구하는 압박수단으로서도 기능합니다. 그러나 이러한 동시이행 항변권은 양 당사자 간에 존재하는 모든 채무에 인정되는 것이 아니라 '서로 대가적 의미'를 가지는 채무에 한하여 인정되는 것입니다.

2. 대가관계의 채무

문제는 본래 도급계약에서 도급인의 '공사대금지급의무'와 동시이행관계에 있는 수급인의 의무는 '목적물인도의무'이기 때문에, 위 사안에서 도급인이 주장하는 수급인의 근저당권말소의무가 고유한 대가관계를 갖는 채무가 아니라는 점에 있습니다.

다행히도 종래 대법원은 동시이행 항변권의 제도적 취지가 공평의 원칙과 신의칙에 입각한 것이라는 관점에서, 쌍무계약에 있어 '고유의 대가관계'가 있는 채무가 아니라도 '구체적 계약관계의 약정내용에 따라 대가적 의미가 있어 이행상의 견련관계를 인정하여야 할 사정이 있는 경우'에는 동시이행의 항변권을 인정할 수 있다고 판시하여 왔습니다(대법원 1992. 8.18. 선고 91다30927 판결).

3. 이행상의 견련관계

(1) 이 사건의 경우, 앞에서 언급하였듯이 본래 도급계약에서 도급인의 '공사대금지급의무'와 동시이행관계에 있는 수급인의 의무는 '목적물인도의무'입니다. 그런데 수급인의 공사자

금을 지원할 목적으로 도급인 소유의 부동산에 근저당권을 설정하여 담보대출을 받는 경우 이는 실질적으로 공사대금의 선급과 같은 기능을 하고, 근저당권설정은 공사대금의 지급과 서로 동일한 경제적 목적을 위하여 밀접한 관련을 맺고 있다고 할 것입니다. 따라서 수급인이 공사대금채권을 행사함에 있어서는 도급인에게 목적물을 인도할 의무뿐만 아니라 근저당권을 말소시켜 자금지원 이전의 상태로 회복시켜야 할 의무와의 견련성도 고려하여야 합니다. 이렇게 해석하지 않는다면 대금지급 이후 도급인이 근저당권의 실행을 막기 위하여 대출금을 변제하여야 하는 이중지급의 위험에 빠질 우려도 있기 때문입니다. 따라서 '공사대금지급의무'와 '근저당권말소의무' 사이에 이행상의 견련관계를 인정하여 서로 동시이행관계에 있다고 보는 것이 타당하다고 할 것입니다.

⑵ 나아가 수급인이 근저당권말소의무를 이행하지 않아 도급인이 대출금을 대위변제함으로써 수급인이 지게 된 '구상금채무'도 근저당권말소의무의 변형으로 대등액의 범위 내에서 도급인의 '공사대금채무'와 동시이행관계에 있게 된다고 할 것입니다(대법원 2010.3.25. 선고 2007다35152 판결). 이는 논리적으로 위 설명과 동일한 취지에서 파생된 결론입니다.

⑶ 결론적으로 도급인 A가 자신의 소유의 토지에 저당권을 설정하여 수급인 B로 하여금 공사에 필요한 자금을 대출받도록 한 위의 경우, 수급인 B의 근저당권말소의무는 도급인 A의 공사대금채무에 대하여 도급계약상의 고유한 대가관계에 있는

의무는 아니지만, 이행상의 견련관계가 인정되어 서로 동시이행의 관계에 있다고 할 것이고, 따라서 도급인 A는 수급인 B가 저당권을 말소하여 주기 전에는 공사대금의 지급을 거절할 수 있다고 할 것입니다.

참조판례

대법원 2010.3.25. 선고 2007다35152 판결 【전부금】

공사도급계약의 도급인이 자신 소유의 토지에 근저당권을 설정하여 수급인으로 하여금 공사에 필요한 자금을 대출받도록 한 사안에서, 수급인의 근저당권 말소의무는 도급인의 공사대금채무에 대하여 공사도급계약상 고유한 대가관계가 있는 의무는 아니지만, 담보제공의 경위와 목적, 대출금의 사용용도 및 그에 따른 공사대금의 실질적 선급과 같은 자금지원 효과와 이로 인하여 도급인이 처하게 될 이중지급의 위험 등 구체적인 계약관계에 비추어 볼 때, 이행상의 견련관계가 인정되므로 양자는 서로 동시이행의 관계에 있고, 나아가 수급인이 근저당권 말소의무를 이행하지 아니한 결과 도급인이 위 대출금 및 연체이자를 대위변제함으로써 수급인이 지게 된 구상금채무도 근저당권 말소의무의 변형물로서 그 대등액의 범위 내에서 도급인의 공사대금채무와 동시이행의 관계에 있다.

대법원 2007.10.11. 선고 2007다31914 판결 【공사대금】

도급계약에 있어서 완성된 목적물에 하자가 있는 때에는 도급인은 수급인에 대하여 하자의 보수를 청구할 수 있고 그 하자의 보수에 갈음하여 또는 보수와 함께 손해배상을 청구할 수 있는 바,

이들 청구권은 수급인의 공사대금채권과 동시이행관계에 있으므로 수급인의 하수급인에 대한 하도급 공사대금채무를 인수한 도급인은 수급인이 하수급인과 사이의 하도급계약상 동시이행의 관계에 있는 수급인의 하수급인에 대한 하자보수청구권 내지 하자에 갈음한 손해배상채권 등에 기한 동시이행의 항변으로써 하수급인에게 대항할 수 있다.

대법원 2005.11.10. 선고 2004다37676 판결 【전부금】

부진정 연대채무자 중 1인으로서 피해자에 대한 손해배상의무를 실제로 이행한 도급인이 사용자책임을 부담하게 되는 수급인에 대하여 취득하게 되는 구상권은 도급인이 하자보수와 함께 청구할 수 있는 손해배상채권이나 이른 바 하자확대손해의 배상채권의 변형물로서 수급인의 공사대금채권과 그 실질에 있어서 대가적인 의미가 있어 공평의 원칙에 비추어 이행상의 견련관계를 인정함이 상당하므로 위 양 채권은 서로 동시이행의 관계에 있다고 보아야 한다.

대법원 1992.12.24. 선고 92다22114 판결 【건물철거등】

건물건축공사도급계약의 수급인은 공사대금을 변제받을 때까지 도급계약의 목적물인 건물뿐 아니라 건물의 유지사용에 필요한 범위 내의 대지부분에 대해서 동시이행의 항변권에 기하여 인도를 거절할 수 있으나, 위와 같은 항변권은 공사대금을 받을 때까지 건물의 인도를 거부할 수 있는 권능이 있다는 것이지 동시이행의 항변권에 의하여 대지를 무상으로 사용·수익할 수 있는 권능이 있다고 할 수 없고, 이러한 도급계약은 수급인이 건물을 완공할 것을 약정하고 도급인이 일의 결과에 대하여 보수를 지급할 것을 약정함으로써 성립되는 계약이므로 특성상 건물완공 시까지 수급인이 건축을 위하여 대지를 무상으로 사용할 권능이 있다고 볼 것이나, 건물완공 후에도 도급인 아닌 제3자와의 관계에서 수급인에게 대지를 무상으로 사용·수익할 권능이 있다고 보기 어렵다.

CHAPTER

3

선급금

1 하도급공사대금의 선급금 충당

Q

하도급업체 A 건설회사는 원청사인 B 회사로부터 하도급을 받아 공사를 진행하던 중, 원청사 B 회사의 부도로 공사대금을 지급받지 못하게 되자, 발주자인 C에 대하여 하도급대금 직접지급을 청구하였습니다. 그러나 발주자 C는 원청사 B 회사에 대한 미지급 기성공사대금과 원청사 B 회사가 발주자 C에 반환할 미정산 선급금과 상계 충당하여, 더 이상 원청사 B 회사에게 지급할 기성공사대금이 없다는 이유로, A 건설회사의 청구에 응하지 아니하였습니다. A 건설회사는 발주자 C로부터 하도급 공사대금을 받을 수 있는지요.

A

1. 도급인에게 '새로운 부담을 지우지 않는 범위 내'의 하수급인 보호

먼저, 이 사건에서 하도급업체 A는 발주자인 C에 대하여 하도급거래공정화에관한법률(이하 하도급법)에 따라 하도급대금

직접청구를 하였을 것입니다. 그러나 하도급법이 도급인에게 도급대금채무를 넘는 '새로운 부담을 지우지 않는 범위 내'에서 하수급인을 보호하고자 하는 취지임을 감안하면, 발주자인 C의 입장에서도 원청사인 B에게 그동안 공사대금을 모두 지급하여 더 이상 지급할 공사대금이 없다고 한다면, 하도급업체 A의 청구에 응할 이유가 없을 것입니다.

2. 선급금

이 사건에서는 C가 B로부터 반환받을 미정산 선급금을 C가 B에게 지급할 기성공사대금에 충당할 수 있는지가 문제되었습니다.

(1) 선급금의 의의

공사도급계약에 있어서 수수되는 이른바 '선급금'은 자금 사정이 좋지 않은 수급인으로 하여금 자재 확보·노임 지급 등에 어려움이 없이 공사를 원활하게 진행할 수 있도록 하기 위하여 도급인이 장차 지급할 공사대금을 수급인에게 미리 지급하여 주는 것으로서, 구체적인 기성고와 관련하여 지급된 공사대금이 아니라 '전체 공사와 관련하여 지급된 공사대금'입니다.

(2) 별도의 상계의사표시 '없이도' 선급금은 미지급공사대금에 충당

원칙적으로 선급금을 지급한 후 계약이 해제 또는 해지되는 등의 사유로 수급인이 도중에 선급금을 반환하여야할 사유가 발행하였다면, 특별한 사정이 없는 한 '별도의 상계의사표시 없이도' 그때까지의 기성고에 해당하는 공사대금 중 미지급액은 선급금으로 충당되고, 도급인은 나머지 공사대금이 있는 경우 그 금액에 한하여 지급의무를 부담하게 될 것입니다.

(3) '약정'에 따라 선급금 충당이 되는 기성공사대금의 내역 결정

그리고 이때 '선급금의 충당 대상이 되는 기성공사대금의 내역을 어떻게 정할지'는 도급계약 당사자의 '약정'에 따라야 할 것입니다. 따라서 선급금의 충당대상이 되는 기성공사대금의 내역을 어떻게 규정하고 있는지에 관한 당사자 사이 약정을 살펴보아야 할 것입니다.

만약, 도급계약 또는 도급계약에 편입된 '공사계약일반조건'에서 '직접청구된 하도급대금을 선급금 충당의 대상이 되는 기성공사대금 내역에서 제외하기로 하는 조항'이 있다고 한다면, 도급인으로서는 하수급인에게 하도급대금을 직접 지급할 사유가 인정되는 범위 안에서는, 미정산 선급금이 기성공사대금에 충당되었음을 이유로 하수급인에게 부담하는 하도급대금 지급의무를 면할 수 없을 것입니다(대법원 2010.5.13. 선고 2007다31211 판결).

참조판례

대법원 2014.1.23. 선고 2013다214437 판결 【하도급대금직불】

공사도급계약에서 수수되는 이른바 선급금은 자금 사정이 좋지 않은 수급인에게 자재 확보·노임 지급 등에 어려움이 없이 공사를 원활하게 진행할 수 있도록 하기 위하여 도급인이 장차 지급할 공사대금을 수급인에게 미리 지급하여 주는 것으로서, 구체적인 기성고와 관련하여 지급된 공사대금이 아니라 전체 공사와 관련하여 지급된 공사대금이고, 이러한 점에 비추어 선급금을 지급한 후 계약이 해제 또는 해지되는 등의 사유로 수급인이 도중에 선급금을 반환하여야 할 사유가 발생하였다면, 특별한 사정이 없는 한 별도의 상계 의사표시 없이도 그때까지의 기성고에 해당하는 공사대금 중 미지급액은 선급금으로 충당되고 도급인은 나머지 공사대금이 있는 경우 그 금액에 한하여 지급할 의무를 부담하게 된다. 이때 선급금의 충당 대상이 되는 기성공사대금의 내역을 어떻게 정할 것인지는 도급계약 당사자의 약정에 따라야 하고, 도급인이 하수급인에게 하도급대금을 직접 지급하는 사유가 발생한 경우에 이에 해당하는 금원을 선급금 충당의 대상이 되는 기성공사대금의 내역에서 제외하기로 하는 예외적 정산약정을 한 때에는 도급인은 미정산 선급금이 기성공사대금에 충당되었음을 이유로 하수급인에게 부담하는 하도급대금 지급의무를 면할 수 없다. 그러나 이러한 정산약정 역시 특별한 사정이 없는 한 도급인에게 도급대금채무를 넘는 새로운 부담을 지우지 않는 범위 내에서 하수급인을 수급인에 우선하여 보호하려는 약정이라고 보아야 하므로, 도급인이 하도급대금을 직접 지급하는 사유가 발생하기 전에 선급금이 기성공사대금에 충당되어 도급대금채무가 모두 소멸한 경우에는 도급인은 더 이상 하수급인에 대한 하도급대금 지급의무를 부담하지 않게 된다.

대법원 2013.8.22. 선고 2012다94278 판결 【계약이행보증금청구】

[1] 선급금을 지급한 후 계약이 해제 또는 해지되는 등의 사유로 수급인이 도중에 선급금을 반환하여야 할 사유가 발생하였다면, 특별한 사정이 없는 한 별도의 상계 의사표시 없이도 그때까지의 기성고에 해당하는 공사대금 중 미지급액은 선급금으로 충당되고 도급인은 나머지 공사대금이 있는 경우 그 금액에 한하여 지급할 의무를 부담하게 되나(대법원 1999.12.7. 선고 99다55519 판결 등 참조), 이때 선급금의 충당 대상이 되는 기성공사대금의 내역을 어떻게 정할 것인지는 하도급계약 당사자의 약정에 따라야 할 것이다(대법원 2004.6.10. 선고 2003다69713 판결, 대법원 2010.5.13. 선고 2007다31211 판결 등 참조).

[2] 甲 주식회사가 하수급인 乙 주식회사의 부도 등으로 하도급공사가 불가능하게 되자 하도급계약을 해지하고 선급금 보증서를 발급해 준 전문건설공제조합을 상대로 미정산 선급금의 지급을 구한 사안에서, 공제조합은 하도급계약의 해지 시점을 기준으로 미정산 선급급에서 미지급 기성금 등을 충당한 나머지 선급금을 지급할 의무가 있는데, 다만 하도급계약에 편입된 '공사계약 특수조건'－乙의 귀책사유로 이 계약이 해제 또는 해지되어 공사대금을 정산한 결과, 甲이 乙 에게 지급하여야 할 기성금액이 있을 때에는 그 기성금액 중 노무비를 제외한 잔여 금액은 원고가 다우건설에 대하여 가지는 선급금반환청구채권, 계약이행보증금채권, 기타 금전채권과 대등액에서 상계할 수 있다－의 규정에 따라 甲 회사가 乙 회사의 근로자들에게 직불한 체불노임은 선급금의 충당 대상이 되는 기성공사대금에서 제외된다고 한 사례.

대법원 2010.7.8. 선고 2010다9597 판결 【부당이득금반환】

[1] 甲과 乙이 공동수급체를 구성하여 도급받은 공사를 乙이 주관사가 되어 선급금 등을 지급받고 진행하다가 포기함에 따라 甲이 도급인 丙과 사이에 乙의 탈퇴 뒤 잔여공사를 시행하기로 하면서, 甲은 乙의 미정산선급금 반환채무의 수액을 확인하고 그 채무를 승계하여 이를 도급인과 정산하고, 乙 및 그 이행보증사의 미정산선급금 반환 여부 또는 그 반환금액에 관하여 丙에게 이의를 제기하거나 별도의 지급청구를 하지 않기로 하되, 丙은 乙이나 그 이행보증사로부터 미정산선급금을 반환받는 경우 즉시 이를 甲에게 지급하기로 약정한 사안에서, 그 약정의 취지는 甲이 乙의 미정산선급금 수액을 확인하면서 향후 이를 다투지 않을 것을 약속함과 아울러 그 이행보증사가 미정산선급금을 반환하지 않더라도 丙에게 이의를 제기하거나 별도의 지급청구를 하지 않겠다는 취지에 불과할 뿐, 丙이 乙에게 지급한 선급금에 대한 반환채무를 甲과 사이에 정산함에 있어 다툼이 발생한 경우에까지 민사상 소송을 제기하지 않겠다는 취지로 볼 수는 없다고 한 사례.

[2] 공사도급계약에 있어서 수수되는 이른 바 선급금은 구체적인 기성고와 관련하여 지급된 공사대금이 아니라 전체 공사와 관련하여 지급된 공사대금이고, 이러한 점에 비추어 선급금을 지급한 후 계약이 해제 또는 해지되는 등의 사유로 수급인이 도중에 선급금을 반환하여야 할 사유가 발생하였다면, 특별한 사정이 없는 한 별도의 상계 의사표시 없이도 그때까지의 기성고에 해당하는 공사대금 중 미지급액은 선급금으로 충당되고 도급인은 나머지 공사대금이 있는 경우 그 금액에 한하여 지급할 의무를 부담하게 되나, 이때 선급금의 충당 대상이 되는 기성공사대금의 내역을 어떻게 정할 것인지는 도급계약 당사자의 약정에 따라야 한다. 그리고 그와 같이 정산하고

남은 선급금을 공사의 수급인이 도급인에게 반환하여야 할 채무는 선급금 그 자체와는 성질을 달리하는 것이다.
[3] 甲과 乙이 공동수급체를 구성하여 도급받은 공사를 乙이 주관사가 되어 선급금 등을 지급받고 진행하다가 포기함에 따라 甲이 도급인 丙과 사이에 乙의 탈퇴 뒤 잔여공사를 시행하기로 하면서 체결한 약정에 의해 그 약정 당시 甲과 丙이 乙의 도급인에 대한 미정산선급금의 수액을 확정하고 그 반환채무를 甲이 승계하였다면, 丙의 甲에 대한 그 미정산선급금 반환채권과 甲의 丙에 대한 공사대금채권이 서로 상계적상에 있는 경우에 이를 상계, 공제하는 등으로 별도의 정산을 거쳐야 비로소 甲의 위 미정산선급금 반환채무가 소멸되는 것일 뿐, 위 미정산선급금이 乙의 미수령공사대금에 당연 충당된 것으로는 볼 수 없다고 한 사례.

2 보증인의 선급금반환책임

Q

A 건설사는 아파트 건설공사 중 기계설비공사를 B 건설사에게 도급을 주었는데, 이 도급계약에는 A 건설사가 도급계약체결 후 15일 이내 선급금을 지급한다는 내용이 포함되어 있었고, 여기에 C 회사가 B 건설사의 도급계약에 수급인 보증인으로서 기명날인하였습니다. 한편, B 건설사가 선급금을 받기 위해서는 보증보험증권을 A 건설사에게 제출하도록 규정되어 있어 B 건설사는 보증보험회사인 D 보험회사와 피보험자를 A 건설사로 하여 선급금 보증보험계약을 체결하고 그 증권을 A 건설사에 제출하였습니다. 이후 B 건설사의 부도로 기계설비공사가 중단되자 D 보험회사는 A 건설사에게 보험금을 지급한 다음, C 회사에게 구상청구를 하였는데, 이 구상청구가 받아들여질 수 있는지요.

A

1. 수급인보증인(C)의 '선급금반환의무'에 대한 보증책임

선급금반환의무는 수급인의 채무불이행에 따른 계약해제로

인하여 발생하는 원상회복의무의 일종이고, 보증인은 특별한 사정이 없는 한 채무자가 채무불이행으로 인하여 부담하여야 할 손해배상채무와 원상회복의무에 대하여도 보증책임을 진다고 할 것이므로, 민간도급계약에 있어 수급인의 보증인은 특별한 사정이 없는 한 선급금반환의무에 대하도 보증책임을 진다고 할 것입니다.

2. 수급인보증인(C)의 '구상책임' 없다는 주장

한편, 이 사건에서 C는 단지 수급인 B의 도급계약에 대하여 수급인보증인으로서 기명날인하였을 뿐이고, '연대보증인'이 아니고, 도급인 A가 선급금에 관하여 D 보험회사의 이행보증보험증권을 제공받았고, C는 단지 '시공보증'의 의미로 수급보증을 하였고, D 보험회사와는 '공동보증인'도 아니기에, D 보험회사의 선급금에 대한 구상청구에 대하여는 책임이 없다고 주장하였습니다.

3. 이행보증보험자(D)와 수급인보증인(C)의 '공동보증인' 관계 및 구상권 행사

이에 대하여, 대법원은 ① C가 선급금 부분에 대하여 책임이 없다는 등의 단서 조항이 없이 수급인에게 선급금을 지급한다는 내용이 기재된 도급계약서에 수급인의 보증인으로서 기명날인하였고, ② B가 A에 부담하는 채무는 상행위로 인한 채무이므로 보증인은 연대하여 변제 책임이 있다고 할 것이고,

③ 수급인이 도급계약에 따라 도급인에 관하여 부담하는 선급금 반환채무의 이행을 보증한 보증보험자와 주계약상의 보증인은 채권자인 도급인에 대한 관계에서 채무자인 수급인의 선급금반환채무의 이행에 관하여 공동보증인의 관계에 있다고 할 것이므로, 그들 중 어느 일방이 변제 기타 자기의 출재로 채무를 소멸하게 하였다면 그들 사이에 구상에 관한 특별한 약정이 없다고 하더라도 민법에 따라 구상권을 행사할 수 있다고 판단하였습니다(대법원 2012.5.24. 선고 2011다109586 판결).

결국 선급금 보증보험계약에 따라 A에게 선급금반환채무를 이행한 보증보험자인 D는 수급인보증인 C에 대하여 구상권을 행사할 수 있다고 할 것입니다.

참조판례

대법원 2012.5.24. 선고 2011다109586 판결 【구상금】

[1] 선급금 반환의무는 수급인의 채무불이행에 따른 계약해제로 인하여 발생하는 원상회복의무의 일종이고, 보증인은 특별한 사정이 없는 한 채무자가 채무불이행으로 인하여 부담하여야 할 손해배상채무와 원상회복의무에 관하여도 보증책임을 지므로, 민간공사 도급계약에서 수급인의 보증인은 특별한 사정이 없다면 선급금 반환의무에 대하여도 보증책임을 진다. 그리고 민간공사 도급계약 연대보증인의 보증책임은 각종 보증서의 구비 여부, 도급계약의 내용, 보증 경위 등을 참작하여 개별적으로 구체적인 사안에 따라 법률행위의 해석에 의하여 판단되어야 하지만, 특별한 약정이 없다면 수급

인의 책임과 마찬가지로 '금전채무보증'과 '시공보증'을 포함한다고 보아야 한다.

[2] 수급인이 도급계약에 따라 도급인에 관하여 부담하는 선급금 반환채무의 이행을 보증한 보증보험자와 주계약상 보증인은 채권자인 도급인에 대한 관계에서 채무자인 수급인의 선급금 반환채무 이행에 관하여 공동보증인의 관계에 있다고 보아야 하므로, 그들 중 어느 일방이 변제 기타 자기의 출재로 채무를 소멸하게 하였다면 그들 사이에 구상에 관한 특별한 약정이 없더라도 민법 제448조에 의하여 상대방에 대하여 구상권을 행사할 수 있다.

[3] 보증보험회사인 甲 주식회사가 아파트 건설공사 원사업자인 乙 주식회사로부터 일부 공사를 도급받은 丙 주식회사와 피보험자를 乙 회사로 하는 내용의 선급금 보증보험계약을 체결하였는데, 이후 丙 회사 부도로 공사가 중단되자 乙 회사에 보험금을 지급한 다음 도급계약서에 수급인의 보증인으로 기명·날인한 丁 주식회사를 상대로 구상권을 행사한 사안에서, 丁 회사가 선급금 부분에 대하여 책임이 없다는 등의 단서 조항 없이 도급계약서에 수급인의 보증인으로 기명·날인한 점, 丙 회사가 乙 회사에 부담하는 채무는 상행위 채무여서 보증인이 연대하여 변제할 책임이 있는 점 등에 비추어 丁 회사는 선급금 반환채무까지 포함하여 연대보증한 것으로 보아야 하고, 甲 회사와 丁 회사는 선급금 반환채무에 관하여 공동보증인 관계에 있으므로 甲 회사가 丁 회사에 구상권을 행사할 수 있다고 보아야 하는데도, 이와 달리 본 원심판결에 건설공사도급계약에서 연대보증인의 책임에 관한 법리오해의 위법이 있다고 한 사례.

대법원 2007.9.20. 선고 2007다40109 판결 **[보증금]**

[1] 선급금은 자금 사정이 좋지 않은 수급인으로 하여금 자재 확보

·노임 지급 등에 어려움이 없이 공사를 원활하게 진행할 수 있도록 하기 위하여, 도급인이 장차 지급할 공사대금을 수급인에게 미리 지급하여 주는 선급 공사대금으로, 구체적인 기성고와 관련하여 지급된 공사대금이 아니라 전체 공사와 관련하여 지급된 선급 공사대금이므로, 선급금을 지급한 후 계약이 해제 또는 해지되는 등의 사유로 중도에 선급금을 반환하게 된 경우에는, 선급금이 공사대금의 일부로 지급된 것인 이상 선급금은 별도의 상계 의사표시 없이 그때까지의 기성고에 해당하는 공사대금에 당연 충당되고, 그래도 공사대금이 남는다면 그 금액만을 지급하면 되는 것이고, 거꾸로 선급금이 미지급 공사대금에 충당되고 남는다면 그 남은 선급금에 관하여 도급인이 반환채권을 가지게 된다고 보는 것이 선금급의 성질에 비추어 타당하다.

[2] 건설산업기본법 제35조 제1항, 하도급거래공정화에 관한 법률 제14조 제1항 등에서 하도급대금의 직접지급에 관하여 규정을 두고 있는 것은 수급인이 파산하거나 그 외 사유로 하도급업자들에게 하도급대금을 지급하지 않거나 지급할 수 없는 사유가 생길 경우 약자의 지위에 있는 하도급업자들을 보호하고 공사 수행에 대한 대가를 실질적으로 보장하기 위함에 그 취지와 목적이 있는 것일 뿐이지 도급인과 하수급인과의 직접적인 도급계약관계의 설정을 전제로 한 것은 아니므로, 결국 하수급인이 시공한 부분은 수급인의 기성고로 볼 수밖에 없다. 또한, 하수급인은 수급인의 이행보조자에 불과하므로 수급인의 기성공사금액에는 그 이행보조자인 하수급인의 기성공사부분이 당연히 포함된다고 보아야 한다. 따라서 선급금을 지급한 후 계약의 해제 또는 해지 등의 사유가 발생한 경우에는 하수급인의 기성공사부분에 대한 공사대금도 포함한 수급인의 기성고를 선급금에서 공제하여야 하고, 그래도 남는 공사대금이 있는 경우에 한하여 하도급대금을 하수급인에게 직접 지급하여야 한다.

대법원 2004.11.26. 선고 2002다68362 판결 【보증채무금】

[1] 공동수급체의 구성원이 발주자에 대한 계약상의 의무이행에 대하여 연대하여 책임을 진다고 규정되어 있다고 하더라도, 도급계약의 내용에 선급금 반환채무 등에 관한 다른 구성원의 의무에 관하여는 명시적인 규정이 없고, 선급금에 관하여는 별도의 규정을 두어 그 반환채무의 담보 방법으로 수급인이 제출하여야 할 문서로서 보험사업자의 보증보험증권이나 건설공제조합의 지급보증서 등 그 담보력이 충분한 것으로 제한하고 있다면, 공동수급체의 각 구성원의 연대책임의 범위는 선급금 반환채무에까지는 미치지 아니한다고 봄이 상당하므로, 공동수급체의 구성원으로서는 특별한 사정이 없는 한 다른 구성원의 선급금 반환채무에 관하여는 책임을 부담하지 않는다.

[2] 도급인과 사이에 도급계약을 체결하면서 선급금을 수령한 수급인이 어느 보증인과 사이에 그 선급금 반환채무의 보증에 관한 보증계약을 체결하고 이와 별도로 다른 보험자와 사이에 그 선급금 반환채무에 관한 보증보험계약을 체결하였다고 하여 특별한 약정이 없는 한 그러한 사정만으로 보증인이 보증채권자에게 지급하여야 할 보증금이 다른 보험자의 보험계약상의 보험금 지급의무에 의하여 제한되는 것은 아니다.

3 공동수급체 공사대금 약정에 부가되는 선급금 약정 시 주의점

Q

A 대학은 '종합강의 실험실동 신축공사'에 대하여 B 건설사 및 C 건설사를 공동수급체로 하는 공사계약을 체결하였고, B 건설사 및 C 건설사는 공동수급체로서 신축공사 중 철골공사에 대하여 1차, 2차 및 3차로 진행할 방법으로 D 건설사에게 재하도급을 주는 공사계약을 체결하였습니다. 신축공사 중 철골공사의 재하도급 총 공사대금은 18억 5,900만원이고, 선급금 30%인 금 5억 5,770만원을 B 건설사 및 C 건설사가 지급하기로 약정하고, 재하도급공사계약서 제22조에 'B(공동수급체 C 포함)는 계약서에 정한 바에 따라 선급금을 D에게 지급한다'라는 규정을 두었습니다. 철골공사가 1차 및 2차 계약에 의하여 진행되어 모두 완성되었으나, 3차 계약에 의하여 진행 되던 중에 C 건설사가 경영악화로 B 건설사와 공사타절하고 B 건설사가 공사를 완성하였습니다. 그 때까지 지급하기로 약정한 선급금 5억 5,770만원 중 미지급된 금액이 금 1억 2,033만원이었습니다. B 건설사 및 C 건설사를 구성원으로 하는 공동수급체로서 내부적인 지분율은 B 건설사가 30%이고, C 건설사가 70%이었습니다. 이러한 상황에서 D 건설사는 B 건설사에 대하여 연대책임으로서 미지급된 금액 금 1억 2,033만원을 지급해 달라고 주장하고, 이에 대해 B 건설사는 내부지분율이 30%이고 이미 내부지분율에 해당하는 금원을 이미 지급하였으므로 내부지분율 초과하는 금 1억 2,033만원을 지급할 수 없다고 다투고 있습니다.

이러한 경우에 B 건설사 및 C 건설사가 공사 공동수급체로 하는 공사 계약을 체결하는 경우에 주의해야 할 점은 무엇인가요.

A

1. 공동수급체 구성원의 연대책임

(1) 대법원은 '공동수급체의 구성원이 발주자에 대한 계약상의 의무이행에 대하여 연대책임을 진다고 하더라도, 도급계약의 내용에 선급금 반환채무 등에 관한 다른 구성원의 의무에 관하여는 명시적인 규정이 없고, 선급금에 관하여는 별도의 규정을 두어 그 반환채무의 담보 방법으로 수급인이 제출하여야 할 문서로서 보험사업자의 보증보험증권이나 건설공제조합의 지급보증서 등 그 담보력이 충분한 것으로 제한하고 있다면, 공동수급체의 각 구성원의 연대책임의 범위는 선급금반환채무까지는 미치지 아니함이 상당하다'라는 판시하고 있습니다(대법원 2004.11 26. 선고 2002다68362 판결).

(2) 또한 대법원은 '공동수급체는 기본적으로 민법상 조합의 성질을 가지는 것이므로 공동수급체의 채무가 조합원 전원을 위하여 상행위가 되는 행위로 부담하게 된 것이라면 상법 제57조 제1항을 적용하여 조합원들의 연대책임을 인정함이 상당하다'라는 취지의 판결을 하고 있기도 합니다(대법원 1998.3. 13. 선고 97다6919 판결 및 이에 부합하는 취지의 서울고등법

원 2008.7.25. 선고 2007나65155 판결).

2. 공동수급체 구성원들 간의 '내부지분율' 명시

⑴ 이 사건은 '공동수급체인 B, C가 재하도급업체인 D에게 선급금 지급채무에 대하여 연대책임을 질 것인지'에 관한 것이기 때문에 대법원의 명시적인 판결이 없다고 할 것입니다. 즉, 선급금반환채무에 관한 분쟁이 아니었습니다.

⑵ 이렇게 공동수급체를 구성할 경우 '내부 지분율'을 명확히 할 필요가 있다고 할 것인 바, 이를 위해 ① 공동수급체인 B, C는 내부적인 지분율에 대하여 '공사도급계약서'에 명시적으로 밝혀서 대외적인 책임을 지분율에 따른 책임을 진다는 사실을 명백히 할 필요가 있다고 할 것입니다. 즉, 'B(공동수급체 C 포함)는 계약서에 정한 바에 따라 선급금을 D에게 지급 한다'라는 규정에 더하여 내부적인 지분비율(30%, 70%)을 명시할 필요가 있다는 것입니다. ② 또한 공동수급체인 B, C가 '공사이행보증증권' 등을 발행받을 때, 또는 공사대금지급과 관련하여 '세금계산서'를 발행할 때 내부적인 지분율에 따른 공사이행보증증권 및 세금계산서를 발행할 필요가 있다고 할 것입니다.

참조판례

대법원 2004.11.26. 선고 2002다68362 판결 【보증채무금】

[1] 공동수급체의 구성원이 발주자에 대한 계약상의 의무이행에 대하여 연대하여 책임을 진다고 규정되어 있다고 하더라도, 도급계약의 내용에 선급금 반환채무 등에 관한 다른 구성원의 의무에 관하여는 명시적인 규정이 없고, 선급금에 관하여는 별도의 규정을 두어 그 반환채무의 담보 방법으로 수급인이 제출하여야 할 문서로서 보험사업자의 보증보험증권이나 건설공제조합의 지급보증서 등 그 담보력이 충분한 것으로 제한하고 있다면, 공동수급체의 각 구성원의 연대책임의 범위는 선급금 반환채무에까지는 미치지 아니한다고 봄이 상당하므로, 공동수급체의 구성원으로서는 특별한 사정이 없는 한 다른 구성원의 선급금 반환채무에 관하여는 책임을 부담하지 않는다.

[2] 도급인과 사이에 도급계약을 체결하면서 선급금을 수령한 수급인이 어느 보증인과 사이에 그 선급금 반환채무의 보증에 관한 보증계약을 체결하고 이와 별도로 다른 보험자와 사이에 그 선급금 반환채무에 관한 보증보험계약을 체결하였다고 하여 특별한 약정이 없는 한 그러한 사정만으로 보증인이 보증채권자에게 지급하여야 할 보증금이 다른 보험자의 보험계약상의 보험금 지급의무에 의하여 제한되는 것은 아니다.

[3] 공사도급계약에 있어서 수수되는 선급금이 선급 공사대금의 성질을 갖는 점에 비추어 선급금을 지급한 후 도급계약이 해제 또는 해지되는 등의 사유로 수급인이 도중에 선급금을 반환하여야 할 사유가 발생하였다면 특별한 사정이 없는 한 선급금은 별도의 상계의 의사표시 없이도 그 때까지의 기성고에 해당하는 공사대금에 당연히 충당되고, 다만 선급금 반환에 관한 보증계약의 경우 보증인

은 주채무자의 선급금 반환채무의 이행을 보증하는 것이므로 그 보증금 지급사유의 발생 및 범위에 관하여는 당해 보증의 대상으로 된 도급계약의 내용을 기준으로 판단하여야 할 것이므로 선급금의 충당 대상이 되는 기성공사대금의 내역을 어떻게 정할 것인지는 도급계약 당사자의 약정에 따라야 한다.

대법원 1998.3.13. 선고 97다6919 판결【손해배상(기)】

[1] 연립주택의 신축·분양을 위하여 토지를 매수한 자가 매도인에게 잔금 지급에 갈음하여 당해 연립주택의 일부에 대한 대물변제예약을 한 경우, 그 대지권에 상응하는 지분에 관한 매도인의 원래의 토지 소유권이전등기의무가 소멸하지 않는다고 한 사례.
[2] 조합의 채무는 조합원의 채무로서 특별한 사정이 없는 한 조합채권자는 각 조합원에 대하여 지분의 비율에 따라 또는 균일적으로 변제의 청구를 할 수 있을 뿐이나, 조합채무가 특히 조합원 전원을 위하여 상행위가 되는 행위로 인하여 부담하게 된 것이라면 상법 제57조 제1항을 적용하여 조합원들의 연대책임을 인정함이 상당하다.
[3] 조합에 대한 채무자는 그 채무와 조합원에 대한 채권으로 상계할 수는 없는 것이므로(민법 제715조), 조합으로부터 부동산을 매수하여 잔대금 채무를 지고 있는 자가 조합원 중의 1인에 대하여 개인 채권을 가지고 있다고 하더라도 그 채권과 조합과의 매매계약으로 인한 잔대금 채무를 서로 대등액에서 상계할 수는 없다.

CHAPTER

4

기성고

1 설계 또는 사양이 변경된 경우 기성고에 따른 공사대금 산정

1 설계 또는 사양이 변경된 경우 기성고에 따른 공사대금 산정

Q

A 회사는 B 회사로부터 전기제어판넬 제작설치공사를 하도급 받으면서, '계약체결 후 사양변경 및 수량증감 사유가 발생하였을 경우 원계약단가를 기준으로 계산하여 계약수정 절차를 취하고, 신규물품은 쌍방 합의로 금액을 산출하여 잔금지불시 정산' 하기로 하였습니다. 이러한 계약체결 후 A 회사의 공사 도중, B 회사의 설계 및 사양변경으로 인하여 총 공사대금이 늘어나고, 공사일정도 지연되게 되었는데, 양사는 공사일정의 변경에 대하여는 합의하였으나, 설계 및 사양변경에 따른 공사대금 변경에 대하여는 금액 차이로 인해 합의가 이루어지지 않았고, 결국 B 회사는 공사를 중단시키고 계약해제를 통보하기에 이르렀습니다. 이러한 경우 A 회사가 지급받을 공사대금은 어떻게 산정해야 되는지요.

A

1. 공사 중단의 경우 공사대금 산정

당사자 사이 도급계약 후 공사가 중간에 중단된 경우, 그때까지의 공사대금을 어떻게 산정할 것인지에 대하여, ① 수급인이 실제 투입한 비용을 지급하는 방법, ② 약정공사비에서 미시공부분에 소요될 비용을 공제하는 방법, ③ 약정공사비에 기성고 비율을 적용하는 방법 등이 있을 수 있을 것입니다.[3]

2. '기성고 비율'을 적용한 공사대금 산정

(1) 우선 당사자 사이에 공사 중단 시 공사대금은 어떻게 정산하기로 한다는 '약정'이 있다면, 그러한 약정에 따라서 중단 시까지의 공사대금을 지급하면 될 것입니다만, 그러한 약정이 없는 경우 법원은 '기성고 비율'을 적용하여 방법으로 공사대금을 산정하고 있습니다.

(2) 즉, 대법원은 '수급인이 공사를 완공하지 못한 채 공사도급계약이 해제되어 기성고에 따른 공사비를 정산하여야 할 경우, 기성 부분과 미시공 부분에 실제로 소요되거나 소요될 공사비를 기초로 산출한 기성고 비율을 약정 공사비에 적용하여 그 공사비를 산정하여야 하고, 기성고 비율은 이미 완성된 부분에 소요된 공사비에다가 미시공 부분을 완성하는 데 소요될 공사비를 합친 전체 공사비 가운데 이미 완성된 부분에 소요된 공사비가 차지하는 비율이라고 할 것이고, 만약 공사도급계약에서 설계 및 사양의 변경이 있는 때에는 그 설계 및 사양의 변경에 따라 공사대금이 변경되는 것으로 특약하고, 그 변경된 설계 및 사양에 따라 공사가 진행되다가 중단되었다면 설계 및 사양

3) 윤재윤, 앞의 책, p147참조

의 변경에 따라 변경된 공사대금에 기성고 비율을 적용하는 방법으로 기성고에 따른 공사비를 산정하여야 한다고 할 것이다'라고 판시하고 있습니다(대법원 2003.2.26. 선고 2000다40995 판결).

⑶ 이 사건에서 대법원은 'A가 기성부분에 대한 정산요구서 및 미시공부분에 대한 내역서를 제출하고 있는 점을 들어, 이를 최초 계약내용으로 한 견적서와 대비하여 설계 및 사양이 변경된 부분을 확정한 다음, 이 사건 공사계약의 정산원칙인 ① 원계약단가를 기준으로 계산하되, ② 신규물품은 쌍방이 합의, 금액을 산출하는 방법으로 변경된 공사대금을 산출한 후, ③ 감정결과 인정되는 기성고 비율을 적용하여 공사대금을 산정하여야 한다'고 판시하였습니다.

참조판례

대법원 2003.2.26. 선고 2000다40995 판결 【공사대금】

[1] 쌍무계약에 있어서 계약당사자의 일방은 상대방이 채무를 이행하지 아니할 의사를 명백히 표시한 경우에는 최고나 자기 채무의 이행제공 없이 그 계약을 적법하게 해제할 수 있으나, 그 이행거절의 의사표시가 적법하게 철회된 경우 상대방으로서는 자기 채무의 이행을 제공하고 상당한 기간을 정하여 이행을 최고한 후가 아니면 채무불이행을 이유로 계약을 해제할 수 없다.
[2] 수급인이 공사를 완공하지 못한 채 공사도급계약이 해제되어 기성고에 따른 공사비를 정산하여야 할 경우, 기성 부분과 미시공

부분에 실제로 소요되거나 소요될 공사비를 기초로 산출한 기성고 비율을 약정 공사비에 적용하여 그 공사비를 산정하여야 하고, 기성고 비율은 이미 완성된 부분에 소요된 공사비에다가 미시공 부분을 완성하는 데 소요될 공사비를 합친 전체 공사비 가운데 이미 완성된 부분에 소요된 공사비가 차지하는 비율이라고 할 것이고, 만약 공사도급계약에서 설계 및 사양의 변경이 있는 때에는 그 설계 및 사양의 변경에 따라 공사대금이 변경되는 것으로 특약하고, 그 변경된 설계 및 사양에 따라 공사가 진행되다가 중단되었다면 설계 및 사양의 변경에 따라 변경된 공사대금에 기성고 비율을 적용하는 방법으로 기성고에 따른 공사비를 산정하여야 한다.

대법원 2013.5.24. 선고 2012다39769,39776 판결 【토지인도·위약금등】

수급인이 공사를 완성하지 못한 채 공사도급계약이 해제되어 기성고에 따른 공사비를 정산하여야 할 경우에 그 공사비는 다른 특별한 사정이 없는 한 당사자 사이에 약정된 총공사비를 기준으로 하여 그 금액 중 수급인이 공사를 중단할 당시의 기성고 비율에 의한 금액이 되는 것이지만, 당사자 사이에 기성 부분의 보수에 관한 약정의 존재 등 특별한 사정이 인정되는 경우라면 그와 달리 산정할 수 있다고 봄이 상당하다

대법원 2002.9.4. 선고 2001다1386 판결 【공사대금】

공사도급계약에서 지급되는 선금은 자금 사정이 좋지 않은 수급인으로 하여금 자재 확보, 노임 지급 등에 어려움이 없이 공사를 원활하게 진행할 수 있도록 하기 위하여, 도급인이 장차 지급할 공사대금을 수급인에게 미리 지급하여 주는 선급공사대금이라고 할 것인데,

> 만약 선금을 수급인이 지급받을 기성고 해당 중도금 중 최초분부터 전액 우선 충당하게 되면 위와 같은 선금 지급의 목적을 달성할 수 없는 점을 감안하면, 선금이 지급된 경우에는 특별한 사정이 없는 한 기성 부분 대가 지급시마다 계약금액에 대한 기성 부분 대가 상당액의 비율에 따라 안분 정산하여 그 금액 상당을 선금 중 일부로 충당하고 나머지 공사대금을 지급받도록 함이 상당하다.

CHAPTER

5 유치권

1 시행사가 부도난 경우 시공사의 공사대금 확보 - 유치권

Q

시공사 B는 시행사 A가 발주, 시행하는 주상복합건물 신축 공사를 도급받고 공사를 시작하였으나, 공사계약에 따라 약속한 월별 기성고를 지급받지 못하자 2층에서 공사를 중단하였습니다. 한편 시행사 A는 자금압박이 심해지자 토지 및 주상복합공사 시행사업권을 C에게 양도하였고, C는 제3자에게 사업 시공권을 주는 한편 시공사 B에게는 공사대금을 주려하지 않고 있습니다. 시공사 B는 어떻게 해야 공사대금을 확보할 수 있는지요.

A

1. 시공사의 공사대금 확보

공사대금을 확보할 수 있는 방안은 사전에 시공사가 시행사로부터 사업 토지 등에 근저당권을 설정 받는 등으로 '담보'를 제공받는 것이 최선의 방법입니다.

그러나 통상 건설업계에서는 '서로 믿고' 하는 경우가 많기 때문에 시행사의 부도가 고스란히 하도급사의 연쇄부도로 이어지는 경우가 허다합니다. 시행사가 공사를 계속할 재력이 부족한 경우 시공사로서는 토지에 대하여 '가압류'라도 한다면 다행이지만, 보통 이런 경우라면 많은 채권자들이 가압류 등을 하였기 때문에 우선적으로 채권을 확보하기는 어려울 것이고, 또한 건물이 준공조차 되지 않았다면 '대위에 의한 보전등기 및 가압류'도 할 수 없게 되는 지경입니다.

이러한 점에서 의미 있는 것이 '유치권'이라고 할 것입니다.

2. 유치권의 의의

'유치권'이란 수급인이 건축물을 시공한 이후 공사대금채권을 변제받을 때까지 그 건축물의 인도를 거절하고 건축물을 점유할 수 있는 권리를 말합니다. 이는 민법상 당연히 성립하는 법정 담보물권으로서 따로 당사자 간의 합의나, 등기절차가 필요 없습니다. 쉽게 말하면 시계수선공이 그 시계의 수리비를 줄 때까지는 누구에 대해서도 시계를 주지 않고 가지고 있을 권리를 말합니다. 현실적으로, 유치권은 건설한 공사업자 입장에서는 가장 강력하고 최후적인 수단으로서 고민해볼만 하다고 할 것입니다. 이 사안에서도 도급인인 시행사가 제3자에게 토지 소유권과 사업권마저 넘겨진 상태라면 수급인으로서는 유치권 외에 다른 방법을 찾기 힘들다고 할 것입니다.

3. 유치권의 성립요건

한편, 유치권이 성립하기 위해서는 ① 받고자 하는 공사대금채권이 당해 건물 자체로부터 발생하여야 합니다(견련성). 다시 말해, 수급인이 당해 건물을 시공하였다는 것을 말하는 것이고, 그 외 시행사나 발주자의 일반채권자(대여금 채권자 등)의 채권은 유치권을 행사할 수 없습니다. ② 또한 채권자(수급인 B)가 반드시 목적물을 점유하고 있어야 합니다. 이때 점유는 수급인이 근로자를 시켜서 직접 점유하거나, 임차인을 통하여 간접 점유하는 것도 가능합니다. 통상 점유하기 위해서 일정한 구역을 정해서 시정장치를 하거나 관리자를 선임해서 관리하고, 유치권을 행사하고 있다는 취지의 게시문을 게시하는 경우가 많습니다. ③ 다만, 공사대금 채권의 변제기가 도래하고 있어야 합니다. 그러므로 변제기 이전에는 유치권이 발생하지 않습니다. 한편 유치권의 성립에 있어 토지 또는 건축물의 소유자가 누구이냐는 문제되지 않습니다.

4. 유치권의 효력

유치권자는 공사대금 채권을 변제받을 때까지 채무자, 건물 양수인, 경락인 등 모든 사람에 대하여 '모든 채권이 변제될 때까지' 건축물의 '인도를 거절'할 수 있습니다. 결국 유치권자는 우선 변제적 효력을 가지고 있지 않지만 유치적 효력으로 인하여 사실상 우선변제 받는 효과가 있고, 또한 유치권자는 건축물을 '경매'신청할 수 있고, 건축물의 임대로서 직접

'변제에 충당'할 수도 있습니다(민법 제322조). 결국, 수급인 B의 입장에서는 유치권을 행사함으로써 공사대금채권을 확보할 수 있을 것입니다.

5. 점유침탈의 방어

유치권 사건을 진행해본 경험에 의하면, 유치권을 행사하는 경우에는 건물주, 시행사 등이 건축물을 점유하기 위해서 임의적인 침탈을 하는 경우가 있는데, 이럴 경우에는 유치권에 기한 점유방해금지가처분, 형사상으로 업무방해고소 등을 통하여 방어할 수 있습니다.

참조판례

대법원 2012.1.26. 선고 2011다96208 판결 【건물명도】

[1] 민법 제320조 제1항은 "타인의 물건 또는 유가증권을 점유한 자는 그 물건이나 유가증권에 관하여 생긴 채권이 변제기에 있는 경우에는 변제를 받을 때까지 그 물건 또는 유가증권을 유치할 권리가 있다."고 규정하고 있으므로, 유치권의 피담보채권은 '그 물건에 관하여 생긴 채권'이어야 한다.
[2] 甲이 건물 신축공사 수급인인 乙 주식회사와 체결한 약정에 따라 공사현장에 시멘트와 모래 등의 건축자재를 공급한 사안에서, 甲의 건축자재대금채권은 매매계약에 따른 매매대금채권에 불과할 뿐 건물 자체에 관하여 생긴 채권이라고 할 수는 없음에도 건물에

관한 유치권의 피담보채권이 된다고 본 원심판결에 유치권의 성립요건인 채권과 물건 간의 견련관계에 관한 법리오해의 위법이 있다고 한 사례.

대법원 2013.10.24. 선고 2011다44788 판결 【유치권부존재확인】

[1] 민법 제320조에서 규정한 유치권의 성립요건이자 존속요건인 점유는 물건이 사회 통념상 그 사람의 사실적 지배에 속한다고 보이는 객관적 관계에 있는 것을 말하고, 이때 사실적 지배는 반드시 물건을 물리적·현실적으로 지배하는 것에 국한하는 것이 아니라 물건과 사람과의 시간적·공간적 관계와 본권 관계, 타인 지배의 배제 가능성 등을 고려하여 사회관념에 따라 합목적적으로 판단하여야 한다(대법원 1996.8.23. 선고 95다8713 판결, 대법원 2009. 9.24. 선고 2009다39530 판결 등 참조). 나아가 위 규정의 점유에는 직접점유뿐만 아니라 간접점유도 포함된다.
[2] 민법 제320조 제1항은 "타인의 물건 또는 유가증권을 점유한 자는 그 물건이나 유가증권에 관하여 생긴 채권이 변제기에 있는 경우에는 변제를 받을 때까지 그 물건 또는 유가증권을 유치할 권리가 있다."고 규정하고 있으므로, 유치권의 피담보채권은 '그 물건에 관하여 생긴 채권'이어야 한다(대법원 2012.1.26. 선고 2011다96208 판결 등 참조). ~ 원심판결 이유에 의하더라도, 피고 2가 주장하는 이 사건 유치권의 피담보채권은 삼보종합건설과의 하도급계약에 따라 이 사건 호텔의 외부 간판 등의 설치공사를 완료함으로써 발생한 채권임을 알 수 있다. 그런데 건물의 옥탑, 외벽 등에 설치된 간판의 경우 일반적으로 건물의 일부가 아니라 독립된 물건으로 남아 있으면서 과다한 비용을 들이지 않고 건물로부터 분리할 수 있는 것이 충분히 있을 수 있고, 그러한 경우에는 특별한 사정이

없는 한 간판 설치공사 대금채권을 그 건물 자체에 관하여 생긴 채권이라고 할 수 없다.

2 공사대금과 유치권 행사

Q

B 건설사는 토지소유자 C로부터 7동 56세대 규모의 다세대주택 재건축을 도급받은 다음, 2002.7.경 A 건설사에게 창호 기타 잡철공사를 하도급 주었고, A 건설사는 2003.5.경 하도급 받은 공사를 완료하였습니다. 그런데, B 건설사가 총 공사대금 2억 6천만원 중 1억 1천만원만 지급하고 나머지 1억 5천만원을 지급하지 아니하자, A 건설사는 공사 완료 후 7세대의 주택을 점유하기 시작하면서 2003.5.13. 이를 토지소유자 C에게 통지까지 하였는데, 현재는 6세대에 대한 점유는 상실한 채, 공사대금 350만원 정도의 단 1세대만 점유를 유지하고 있습니다. 한편, A 건설사가 점유하고 있는 1세대의 소유권은 D로 이전되었습니다. 여기서 A 건설사의 유치권은 현재 점유 중인 1세대에 대한 공사대금채권에만 미치는 것인지, 아니면 다세대주택 전체에 대한 공사대금채권에도 미치는지요.

A

1. 유치권의 범위

이 사건에서 결론적으로는 'A의 유치권은 전체 공사대금채권에 미친다.'고 할 것입니다. 만약 여기서 A의 유치권이 현재 점유 중인 1세대에만 미친다고 하면, D는 자신의 소유인 1세대에 대한 공사대금 350만원만을 지급하여 A의 유치권을 소멸시킬 수 있게 되어, A는 나머지 공사대금을 모두 받지 못하는 위험에 빠질 수 있게 됩니다.

2. 유치권의 견련관계

민법 제320조 제1항은 "타인의 물건 또는 유가증권을 점유한 자는 그 물건이나 유가증권에 관하여 생긴 채권이 변제기에 있을 경우에는 변제를 받을 때까지 그 물건 또는 유가증권을 유치할 권리가 있다"고 규정하고 있습니다. 여기서 '그 물건에 관하여 생긴 채권'이라 함은 '채권의 목적물 자체로부터 발생한 경우'는 물론 '채권이 목적물의 반환청구권과 동일한 법률관계나 사실관계로부터 발생한 경우'도 포함하는 것입니다(견련관계).

3. 유치권의 불가분성

(1) 한편, 민법 제321조는 "유치권자는 채권 전부의 변제를

받을 때까지 유치물 전부에 대하여 그 권리를 행사할 수 있다”고 규정하고 있습니다. 즉, 유치물은 그 각 부분으로써 피담보채권의 전부를 담보한다고 할 것이고, 이는 그 목적물이 분할가능하거나 수개의 물건인 경우에도 그대로 적용된다고 할 것입니다(유치권의 불가분성).

(2) 이 사건에서 A의 B에 대한 공사대금채권은 이 사건 다세대 주택에 관하여 생긴 채권에 해당하고, 제3자 소유의 물건이라고 하더라도 피담보채권(공사대금)과 유치물(주택) 사이에 견련관계가 인정되는 한, A는 이 사건 주택에 대한 유치권을 행사할 수 있다고 할 것입니다.

(3) 그리고 위에서 언급된 사정에 더하여, ① 공사계약이 재건축공사 중 창호와 기타 잡철부분을 일괄하여 하도급하고 있고, ② 공사대금 역시 공사전부에 대하여 일괄하여 지급하기로 하였고, ③ 공사범위가 구분소유부분 뿐만 아니라 공유부분에 대한 공사도 포함되어 있고, ④ B가 일부 지급한 공사대금 역시 특정 구분건물에 대한 공사대금이 아니라 공사목적물 전체에 대하여 지급한 사정을 감안하여 살펴보면, 이 사건 공사대금이 각 구분건물에 대한 공사부분별로 개별적으로 정해졌거나 처음부터 각 구분건물이 각각 별개의 공사대금채권을 담보하였던 것으로는 볼 수 없게 됩니다.

4. 유치권은 공사대금채권 전부를 담보

결국 A가 B에 대하여 가지는 이 사건 공사목적물 전체에 대한 공사대금채권은 A와 B사이의 하도급계약이라는 하나의 법률관계에 의하여 생긴 것이어서 그 공사대금채권 전부와 공사목적물 전체 사이에 '견련관계'가 있다고 할 것이고, 또한 유치물은 그 각 부분으로써 피담보채권의 전부를 담보한다고 하는 '유치권의 불가분성'에 의하여, 이 사건 1세대 주택은 이 사건 공사로 인한 공사대금채권 잔액 전부를 담보하는 것으로 보아야 할 것입니다(대법원 2007.9.7. 선고 2005다16942 판결).

참조판례

대법원 2007.9.7. 선고 2005다16942 판결 【건물명도】

[1] 민법 제320조 제1항에서 '그 물건에 관하여 생긴 채권'은 유치권 제도 본래의 취지인 공평의 원칙에 특별히 반하지 않는 한 채권이 목적물 자체로부터 발생한 경우는 물론이고 채권이 목적물의 반환청구권과 동일한 법률관계나 사실관계로부터 발생한 경우도 포함하고, 한편 민법 제321조는 "유치권자는 채권 전부의 변제를 받을 때까지 유치물 전부에 대하여 그 권리를 행사할 수 있다"고 규정하고 있으므로, 유치물은 그 각 부분으로써 피담보채권의 전부를 담보하며, 이와 같은 유치권의 불가분성은 그 목적물이 분할 가능하거나 수개의 물건인 경우에도 적용된다.

[2] 다세대주택의 창호 등의 공사를 완성한 하수급인이 공사대금채권 잔액을 변제받기 위하여 위 다세대주택 중 한 세대를 점유하여 유치권을 행사하는 경우, 그 유치권은 위 한 세대에 대하여 시행한 공사대금만이 아니라 다세대주택 전체에 대하여 시행한 공사대금채

권의 잔액 전부를 피담보채권으로 하여 성립한다고 본 사례.

대법원 2014.12.30. 자 2014마1407 결정
【채권압류및추심명령결정에대한즉시항고】

[1] 민사집행법 제268조에 의하여 담보권의 실행을 위한 경매절차에 준용되는 같은 법 제91조 제5항은 매수인은 유치권자에게 그 유치권으로 담보하는 채권을 변제할 책임이 있다고 규정하고 있다. 여기에서 '변제할 책임이 있다'는 의미는 부동산상의 부담을 승계한다는 취지로서 인적채무까지 인수한다는 취지는 아니므로, 유치권자는 경락인에 대하여 그 피담보채권의 변제가 있을 때까지 유치목적물인 부동산의 인도를 거절할 수 있을 뿐이고 그 피담보채권의 변제를 청구할 수는 없다.
[2] 甲 주식회사 소유의 부동산에 대한 임의경매절차에서 乙 법인이 위 부동산을 매수하였고, 丙 주식회사가 甲 회사로부터 지급받을 공사대금이 남아있다고 주장하면서 위 부동산에 대하여 유치권을 행사하였는데, 丙 회사의 채권자인 丁이 '丙 회사가 위 부동산을 乙 법인에 인도해줌과 동시에 乙 법인으로부터 지급받을 채권'에 대하여 채권압류 및 추심명령을 신청한 사안에서 ~ (1) 채무자가 이 사건 부동산에 대한 진정한 유치권자라 하여도, 채무자로서는 매수인인 제3채무자에 대하여 적극적으로 이 사건 공사대금의 변제를 청구할 수 있는 채권은 없고, 매수인인 제3채무자에 대하여 이 사건 공사대금의 변제가 있을 때까지 이 사건 부동산의 인도를 거절할 수 있을 뿐이며, (2) 비록 이와 같이 채무자가 유치권 행사 과정에서 제3채무자로부터 이 사건 공사대금을 변제받을 수 있다 하더라도, 이는 이 사건 공사대금에 관한 채권을 소멸시키는 것이고 또한 이 사건 유치권에 의한 목적물의 유치 및 인도 거절 권능에서 비롯된

것에 불과하므로, 이러한 변제에 관한 채무자의 권한은 이 사건 유치권 내지는 그 피담보채권인 이 사건 공사대금 채권과 분리하여 독립적으로 처분하거나 환가할 수 없는 것으로서, 결국 압류할 수 없는 성질의 것이라고 봄이 타당하다.

대법원 2014.12.11. 선고 2014다53462 판결 【유치권부존재확인】

[1] 유치권제도와 관련하여서는 거래당사자가 유치권을 자신의 이익을 위하여 고의적으로 작출함으로써 유치권의 최우선순위담보권으로서의 지위를 부당하게 이용하고 전체 담보권질서에 관한 법의 구상을 왜곡할 위험이 내재한다. 따라서 개별 사안의 구체적인 사정을 종합적으로 고려할 때 신의성실의 원칙에 반한다고 평가되는 유치권제도 남용의 유치권 행사는 허용될 수 없다.
[2] 목적물에 관하여 채권이 발생하였으나 채권자가 목적물에 관한 점유를 취득하기 전에 그에 관하여 저당권 등 담보물권이 설정되고 이후에 채권자가 목적물에 관한 점유를 취득한 경우 채권자는 다른 사정이 없는 한 그와 같이 취득한 민사유치권을 저당권자 등에게 주장할 수 있는 것이다.
[3] 甲 주식회사 등이 乙과 호텔신축 공사계약을 체결하고 공사를 완료하였으나 乙이 공사대금을 완제하지 못하고 있는 상황에서 丙 주식회사가 乙에게 금전을 대여하면서 위 호텔에 관하여 근저당권 설정등기를 마쳤고, 그 후 甲 회사 등이 乙로부터 호텔을 인도받아 점유하고 있던 중 丙 회사가 신청한 임의경매절차에서 유치권 행사를 주장한 사안에서, 甲 회사 등이 丙 회사의 신청에 의하여 임의경매절차가 곧 개시되리라는 점을 인식하면서 乙로부터 호텔을 인도받았다는 사정만으로 甲 회사 등의 유치권 행사가 신의칙 위반에 해당한다고 본 원심판결에 법리오해 등의 위법이 있다고 한 사례

대법원 2013.4.11. 선고 2011다107009 판결 【건물명도등】

민법 제324조에 의하면, 유치권자는 선량한 관리자의 주의로 유치물을 점유하여야 하고, 소유자의 승낙 없이 유치물을 보존에 필요한 범위를 넘어 사용하거나 대여 또는 담보제공을 할 수 없으며, 소유자는 유치권자가 위 의무를 위반한 때에는 유치권의 소멸을 청구할 수 있다고 할 것이지만, 공사대금채권에 기하여 유치권을 행사하는 자가 스스로 유치물인 주택에 거주하며 사용하는 것은 특별한 사정이 없는 한 유치물인 주택의 보존에 도움이 되는 행위로서 유치물의 보존에 필요한 사용에 해당하므로, 그러한 경우에는 유치권의 소멸을 청구할 수 없다(대법원 2009.9.24. 선고 2009다40684 판결).

대법원 2011.8.18. 선고 2011다35593 판결 【건물명도】

[1] 민법 제322조 제1항에 의하여 실시되는 유치권에 의한 경매도 강제경매나 담보권 실행을 위한 경매와 마찬가지로 목적부동산 위의 부담을 소멸시키는 것을 법정매각조건으로 하여 실시되고 우선채권자뿐만 아니라 일반채권자의 배당요구도 허용되며, 유치권자는 일반채권자와 동일한 순위로 배당을 받을 수 있다고 봄이 상당하다. 다만 집행법원은 부동산 위의 이해관계를 살펴 위와 같은 법정매각조건과는 달리 매각조건 변경결정을 통하여 목적부동산 위의 부담을 소멸시키지 않고 매수인으로 하여금 인수하도록 정할 수 있다(대법원 2011.6.15.자 2010마1059 결정, 대법원 2011.6.17.자 2009마2063 결정 등 참조).

[2] 부동산에 관한 강제경매 또는 담보권 실행을 위한 경매절차에서의 매수인은 유치권자에게 그 유치권으로 담보하는 채권을 변제할 책임이 있고(민사집행법 제91조 제5항, 제268조), 유치권에 의한 경매절차는 목적물에 대하여 강제경매 또는 담보권 실행을 위한

경매절차가 개시된 경우에는 정지되도록 되어 있으므로(민사집행법 제274조 제2항), 유치권에 의한 경매절차가 정지된 상태에서 그 목적물에 대한 강제경매 또는 담보권 실행을 위한 경매절차가 진행되어 매각이 이루어졌다면, 유치권에 의한 경매절차가 소멸주의를 원칙으로 하여 진행된 경우와는 달리 그 유치권은 소멸하지 않는다고 봄이 상당하다.

[3] 유치권자인 甲의 신청으로 점포 등에 대하여 유치권에 의한 경매절차가 개시되어 진행되던 중 근저당권자의 신청으로 점포 등에 대해 경매절차가 개시되어 유치권에 기한 경매절차는 정지되었고 乙이 담보권 실행 등을 위한 경매절차에서 점포를 낙찰 받아 소유권을 취득하였는데, 이후 점포에 대하여 다시 개시된 경매절차에서 丙 등이 점포를 낙찰 받아 소유권을 취득한 사안에서, 유치권에 의한 경매절차는 근저당권에 의한 경매절차가 개시됨으로써 정지되었고 乙이 경매절차에서 점포를 낙찰 받아 유치권 부담까지 함께 인수받았다고 보아야 하므로, 유치권자인 甲은 공사대금 중 미변제된 부분을 모두 변제받을 때까지 점포를 유치할 권리가 있다고 본 원심판단을 수긍한 사례

3 경매개시결정기입등기 후의 유치권 취득

Q

A 건설사는 2008.9.23. B와 B의 부동산에 공사대금 15억으로 하여 목욕탕시설공사계약을 체결하여, 그 무렵 공사를 시작하였습니다. 그런데 A 건설사가 공사를 진행하던 중, B의 부동산에 대한 근저당권자인 C가 임의경매개시신청을 하여 2008.10.28. 그 부동산에 경매개시결정기입등기를 마쳤고, A 건설사는 2009.2.20. 경매절차에서 자신의 공사대금채권 15억원에 대한 유치권신고를 하였으며, 그 공사를 2009.7.30. 완료하였습니다. A 건설사는 이러한 유치권을 주장하여 경매절차의 매수인에게 대항할 수 있는지요.

A

1. 채권의 '변제기'에 유치권의 취득

유치권은 그 목적물에 관하여 생긴 채권이 '변제기'에 있는 경우에 비로소 성립하는 것입니다(민법 제320조). 그런데 이 사건 부동산에 대하여 경매개시결정기입등기, 즉 압류가 마쳐질 당시 A는 아직 공사를 진행 중이었고, 아직 완료하지 못하였기에, 공사대금 채권이 아직 변제기에 이르지 못한 것으로 볼 수 있을 것입니다.

2. 경매개시결정기입등기 후 유치권 취득

한편 채무자 소유의 부동산에 경매개시결정의 기입등기가 마쳐져 압류의 효력이 발생한 후에 유치권을 취득하는 경우에는, 그로써 부동산에 관한 경매절차의 매수인에게 '대항할 수 없다'고 할 것입니다(유치권 주장 불가, 대법원 2011.10.13. 선고 2011다55214 판결 등).

3. 경매개시결정기입등기 '이전 점유'하였다가, 기입등기 '이후 완공'한 경우

(1) 이 사건에서 원심법원은 'A가 이 사건 공사를 목적으로 이 사건 부동산을 점유하기 시작하였고, 현재 그 공사를 마침으로써 공사대금채권의 변제기가 도래하였으므로, A의 유치권은 성립하였고, 이 사건 부동산 압류 당시 A의 공사대금채권이 변제기에 도달하여야 하는 것은 아니다'라고 판단하였습니다.

(2) 그러나 대법원은 'A가 경매개시결정 후인 2009.7.30.에야 이 사건 공사를 완공하였고, 공사대금채권의 변제기에 대하여 별도의 약정이 있다는 사정이 없고, A가 비록 이 사건 경

매개시결정 전에 점유를 시작하였다고 하더라도 그 공사대금 채권의 변제기가 이 사건 경매개시결정 전에 도래하였다고 볼 만한 특별한 사정이 없는 이상, 점유만으로는 유치권이 성립하지 않으므로, 이 사건 경매개시결정의 기입등기 후에 공사를 완공하여 그 공사대금채권에 기한 유치권으로는 이 사건 부동산에 관한 경매절차에서 매수인에게 대항할 수 없다'고 판시하였습니다(대법원 2011.10.13. 선고 2011다55214 판결).

(3) 결국 A가 유치권 주장을 경매절차의 매수인에게 할 수 있으려면, 경매개시결정의 기입등기 이전에 공사를 완료하는 등으로 공사대금채권이 이미 변제기에 도달하고 있어야 할 것입니다.

참조판례

대법원 2013.6.27. 선고 2011다50165 판결 【건물인도】

유치권은 그 목적물에 관하여 생긴 채권이 변제기에 있는 경우에 비로소 성립하고(민법 제320조), 한편 채무자 소유의 부동산에 경매개시결정의 기입등기가 마쳐져 압류의 효력이 발생한 후에 유치권을 취득한 경우에는 그로써 부동산에 관한 경매절차의 매수인에게 대항할 수 없다. 따라서 채무자 소유의 건물에 관하여 증·개축 등 공사를 도급받은 수급인이 경매개시결정의 기입등기가 마쳐지기 전에 채무자로부터 건물의 점유를 이전받았다 하더라도 경매개시결정의 기입등기가 마쳐져 압류의 효력이 발생한 후에 공사를 완공하여 공사대금채권을 취득함으로써 그때 비로소 유치권이 성립한 경우에는, 수급인은 유치권을 내세워 경매절차의 매수인에게 대항할 수 없다(대법원 2011.10.13. 선고 2011다55214 판결).

대법원 2014.4.10. 선고 2010다84932 판결 【유치권부존재확인】

[1] 어느 부동산에 관하여 경매개시결정등기가 된 뒤에 비로소 민사유치권을 취득한 사람은 경매절차의 매수인에 대하여 그의 유치권을 주장할 수 없다(대법원 2005.8.19. 선고 2005다22688 판결 등 참조). 이러한 법리는 어디까지나 경매절차의 법적 안정성을 보장하기 위한 것이므로, 경매개시결정등기가 되기 전에 이미 그 부동산에 관하여 민사유치권을 취득한 사람은 그 취득에 앞서 저당권설정등기나 가압류등기 또는 체납처분압류등기가 먼저 되어 있다 하더라도 경매절차의 매수인에게 자기의 유치권으로 대항할 수 있다(대법원 2014.3.20. 선고 2009다60336 전원합의체 판결 등 참조).
[2] 민사집행법 제91조 제3항이 "지상권·지역권·전세권 및 등기된 임차권은 저당권·압류채권·가압류채권에 대항할 수 없는 경우에는 매각으로 소멸된다"고 규정하고 있는 것과는 달리, 같은 조 제5항은 "매수인은 유치권자에게 그 유치권으로 담보하는 채권을 변제할 책임이 있다"고 규정하고 있으므로, 유치권은 특별한 사정이 없는 한 그 성립시기에 관계없이 경매절차에서의 매각으로 인하여 소멸하지 않고, 그 성립시기가 저당권 설정 후라고 하여 달리 볼 것이 아니다(대법원 2009.1.15. 선고 2008다70763 판결 등 참조).

대법원 2011.11.24. 선고 2009다19246 판결 【건물명도등】

[1] 부동산에 가압류등기가 경료되면 채무자가 당해 부동산에 관한 처분행위를 하더라도 이로써 가압류채권자에게 대항할 수 없게 되

는데, 여기서 처분행위란 당해 부동산을 양도하거나 이에 대해 용익물권, 담보물권 등을 설정하는 행위를 말하고 특별한 사정이 없는 한 점유의 이전과 같은 사실행위는 이에 해당하지 않는다. 다만 부동산에 경매개시결정의 기입등기가 경료되어 압류의 효력이 발생한 후에 채무자가 제3자에게 당해 부동산의 점유를 이전함으로써 그로 하여금 유치권을 취득하게 하는 경우 그와 같은 점유의 이전은 처분행위에 해당한다는 것이 당원의 판례이나, 이는 어디까지나 경매개시결정의 기입등기가 경료되어 압류의 효력이 발생한 후에 채무자가 당해 부동산의 점유를 이전함으로써 제3자가 취득한 유치권으로 압류채권자에게 대항할 수 있다고 한다면 경매절차에서의 매수인이 매수가격 결정의 기초로 삼은 현황조사보고서나 매각물건명세서 등에서 드러나지 않는 유치권의 부담을 그대로 인수하게 되어 경매절차의 공정성과 신뢰를 현저히 훼손하게 될 뿐만 아니라, 유치권신고 등을 통해 매수신청인이 위와 같은 유치권의 존재를 알게 되는 경우에는 매수가격의 즉각적인 하락이 초래되어 책임재산을 신속하고 적정하게 환가하여 채권자의 만족을 얻게 하려는 민사집행제도의 운영에 심각한 지장을 줄 수 있으므로, 위와 같은 상황 하에서는 채무자의 제3자에 대한 점유이전을 압류의 처분금지효에 저촉되는 처분행위로 봄이 타당하다는 취지이다. 따라서 이와 달리 부동산에 가압류등기가 경료되어 있을 뿐 현실적인 매각절차가 이루어지지 않고 있는 상황 하에서는 채무자의 점유이전으로 인하여 제3자가 유치권을 취득하게 된다고 하더라도 이를 처분행위로 볼 수는 없다.
[2] 토지에 대한 담보권 실행 등을 위한 경매가 개시된 후 그 지상건물에 가압류등기가 경료되었는데, 甲이 채무자인 乙 주식회사에게서 건물 점유를 이전받아 그 건물에 관한 공사대금채권을 피담보채권으로 한 유치권을 취득하였고, 그 후 건물에 대한 강제경매가 개시되어 丙이 토지와 건물을 낙찰 받은 사안에서, 건물에 가압류등기가

경료된 후 乙 회사가 甲에게 건물 점유를 이전한 것은 처분행위에 해당하지 않아 가압류의 처분금지효에 저촉되지 않으므로, 甲은 丙에게 건물에 대한 유치권을 주장할 수 있다고 한 사례.

4 점유침탈과 유치권 존속

Q

A 건설사는 2002.3. B로부터 건물(상가)신축공사를 도급받고 2004.6.경 완공하였는데, B는 A 건설사에 대하여 공사대금 일부만 지급하고 나머지를 대금을 지급하지 않았습니다. 이에 A 건설사는 2004.8.경부터 신축건물 전체에 대하여 유치권 안내문을 부착하고 타인의 출입을 통제하면서 점유하여 왔고, 2007.8.에는 미지급 공사대금을 담보하기 위하여 법원에 저당권설정등기청구를 하여 저당권 설정등기를 마친 다음 임의경매를 신청하면서 유치권 신고를 하였고, 2009.7. 배당절차에서 일부 배당을 받고, 2009.10.경에는 C와 상가유치권관리계약을 체결하여 C로 하여금 건물을 관리하도록 하였습니다. 한편 D는 위 경매절차에서 위 상가의 101호를 낙찰 받아 2009.7.경 소유권이전등기를 마치고, A 건설사와 C에 부동산인도명령을 신청하였으나 모두 기각되자, 무단으로 위 101호에 자신의 물건을 갖다 놓고는 2010.6.에는 E에게 101호에 대하여 임대를 놓았습니다. 이런 상태에서 A 건설사는 101호에 대한 유치권을 여전히 가지고 있는 것인가요.

A

1. A의 '유치권 존속' 주장과 D의 '유치권 소멸' 주장

이 사건에서 A는 공사대금 채권이 완제될 때까지 위 상가 101호를 유치할 권리가 있다고 주장하였고, D는 담보로 설정된 저당권을 실행하여 배당 받았으므로 유치권의 피담보채권이 존재하지 않고, 현재 점유를 상실하여 유치권이 존재하지 않고, 또한 그동안 위 상가 관리를 게을리 하였으므로 유치권 소멸청구의 의사를 통지한다고 다투었습니다.

2. '점유침탈로 인한 유치권 소멸'과 '점유회복을 통한 유치권 부활'

⑴ 이에 대하여 하급심 법원은 'A는 법원의 결정을 통한 집행권원을 확보하고 공사대금 중 일부만 배당받았으므로 위 상가에 대하여 공사대금채권을 가지고 있고, 또한 저당권을 실행하였다고 하더라도 일부만 배당받았으므로 피담보채권이 소멸할 때까지 유치권의 효력이 유지된다'고 판단하고, 나아가 'D가 부당한 방법에 의하여 A의 점유를 침탈하였으므로 A가 이를 이유로 점유를 회수할 수 있는 이상 101호에 대한 점유를 상실하였다고 볼 수 없다'고 판단하였습니다.

⑵ 그러나 대법원은 'A가 D의 점유침탈로 인하여 위 101호에 대한 점유를 상실한 이상, A의 유치권은 소멸하였고, A가 점유회수의 소를 제기하여 승소판결을 받아 점유를 회복하면

점유를 상실하지 않았던 것으로 되어 유치권이 되살아나지만, 이와 같이 점유를 회복하기 전에는 유치권이 되살아나는 것이 아니다'라고 판시하여 위 하급심 판결을 파기하였습니다(대법원 2012.2.9. 선고 2011다72189 판결).

(3) 결국 A는 점유를 회복하여야 유치권이 여전히 존재한다고 주장할 수 있을 것이고, 그러기 위해서는 점유를 상실(침탈)당한 날부터 1년 내에 '점유회복의 소'를 제기하여 승소판결을 받아 점유를 회복하여야 할 것입니다.

참조판례

대법원 2012.2.9. 선고 2011다72189 판결 【유치권확인】

甲 주식회사가 건물신축 공사대금 일부를 지급받지 못하자 건물을 점유하면서 유치권을 행사해 왔는데, 그 후 乙이 경매절차에서 건물 중 일부 상가를 매수하여 소유권이전등기를 마친 다음 甲 회사의 점유를 침탈하여 丙에게 임대한 사안에서, 乙의 점유침탈로 甲 회사가 점유를 상실한 이상 유치권은 소멸하고, 甲 회사가 점유회수의 소를 제기하여 승소판결을 받아 점유를 회복하면 점유를 상실하지 않았던 것으로 되어 유치권이 되살아나지만, 위와 같은 방법으로 점유를 회복하기 전에는 유치권이 되살아나는 것이 아님에도, 甲 회사가 상가에 대한 점유를 회복하였는지를 심리하지 아니한 채 점유회수의 소를 제기하여 점유를 회복할 수 있다는 사정만으로 甲 회사의 유치권이 소멸하지 않았다고 본 원심판결에 점유상실로 인한 유치권 소멸에 관한 법리오해의 위법이 있다고 한 사례.

대법원 2010.4.15. 선고 2009다96953 판결 【토지및건물명도】

공매절차에서 점유자의 유치권 신고 사실을 알고 부동산을 매수한 자가 그 점유를 침탈하여 유치권을 소멸시키고 나아가 고의적인 점유이전으로 유치권자의 확정판결에 기한 점유회복조차 곤란하게 하였음에도 유치권자가 현재까지 점유회복을 하지 못한 사실을 내세워 유치권자를 상대로 적극적으로 유치권부존재확인을 구하는 것은, 자신의 불법행위로 초래된 상황을 자기의 이익으로 원용하면서 피해자에 대하여는 불법행위로 인한 권리침해의 결과를 수용할 것을 요구하고, 나아가 법원으로부터는 위와 같은 불법적 권리침해의 결과를 승인받으려는 것으로서, 이는 명백히 정의 관념에 반하여 사회생활상 도저히 용인될 수 없는 것으로 권리남용에 해당하여 허용되지 않는다고 한 사례.

CHAPTER

6

변제, 강제집행 및 보상

1 미등기 건물의 가압류 및 강제집행

Q

B는 A로부터 서울 강남구에 위치한 건물 건축에 관한 공사를 도급받아 건물을 완공하였으나, A가 자력이 없어 건물 보존등기도 하지 못하고, 공사대금도 지급하지 않고 있습니다. 이럴 경우 신축한 건물에 대하여 공사대금을 확보하는 방안은 무엇인지요.

A

1. 시공사의 공사대금 확보 방안

통상 시공사인 B는 건물을 지어주고도 도급인(발주자, 시행사)이 공사대금을 순순히 주지 않으면 공사대금 지급 지연으로 인하여 이자부담, 하도급 업체들의 공사대금 독촉과 그에 따른 가압류 등 복잡한 법률 분쟁에 빠지곤 합니다. 이럴 경우, B가 공사대금을 확보하는 방안이 문제인데, '유치권'이 가장 강력한 수단이지만, 다른 한편 미등기 부동산에 대하여 '가압류'하거나 발주자를 대위하여 '보존등기'와 동시에 '가압류'

하고, '강제집행'에 나아가는 방안도 있습니다.

2. 건물완공 후 사용승인을 받지 못한 미등기건물에 대한 강제집행

(1) 건물이 완성되었으나 사용승인을 받지 못하여 아직 소유권보존등기가 경료되지 아니한 경우에 위 건물의 소유권은 도급인에게 원시적으로 귀속되는 경우가 많습니다. 그런데 도급인에게 변제 자력이 없고 위 건물만이 유일한 재산일 경우에는 수급인은 이러한 미등기 건물에 대하여 가압류나 압류 등 강제집행을 하여 공사대금채권을 변제받게 됩니다.

(2) 더구나 2002년부터 시행된 민사집행법은 건축허가나 건축신고를 마친 뒤 사용승인을 받지 못한 미등기건물에 대한 가압류, 강제집행을 신청할 수 있도록 하였습니다. 따라서 신축한 건물이 채무자의 소유임을 증명할 서류, 그 건물의 지번, 구조, 면적을 증명할 서류 및 그 건물에 관한 건축허가 또는 건축신고를 증명할 서류를 첨부하여 법원직권에 의한 촉탁 보존등기와 함께 가압류, 강제집행이 가능하게 됩니다(민사집행법 제81조 제1항 제2호 단서). 실무에서는 위 서류로서 통상 건축허가서, 건축신고서, 미흡할 때에는 건축도급계약서 등을 추가로 받고 있습니다.

(3) 따라서 수급인 B가 미등기 신축건물에 관한 가압류절차를 밟음으로써 직권에 의한 건물보존등기에 따른 가압류를 할 수 있지만, 보존등기에 몇 개월이 소요되고 절차 또한 복잡한

단점이 있습니다. 물론, 미등기 부동산이라 하더라도 사용승인 및 건축물대장이 있다면 위와 같은 복잡한 절차를 생략하고 도급인을 대위하여 바로 보존등기와 함께 가압류 할 수 있습니다. 다만, 직권 촉탁이든, 대위에 의한 보존등기든 이에 소요되는 취득세, 등록세 등 등기비용은 신청하는 수급인이 우선 부담하고 사후에 구상해야 하는 불리함이 있게 됩니다.

3. 미완성 건물의 경우

가압류나 강제집행을 할 수 있는 미등기건물은 건축허가나 건축신고를 마친 뒤 사용승인만을 받지 못한 상태인 건물만 해당이 되고, 미완성 건물은 제외됩니다. 따라서 완성된 건물로 볼 수 있는지가 보존등기가 되느냐 마느냐를 결정하는 기준이 되는 것입니다. 따라서 완공된 건물에 대하여는 미등기이더라도 권리확보가 가능하게 되었지만, 완공이 안 되어 사용승인을 받을 수 없는 상태의 건물은 독립된 건물에 해당한다고 하더라도 강제집행을 할 수 없게 될 것입니다.

4. 공사대금을 확보하기 위한 다른 방안 모색

사후적으로 공사대금을 확보하는 방안은 유치권, 하수급업자의 직접청구권, 미등기 부동산에 대한 가압류, 대위에 보존등기 및 가압류, 별도의 담보제공 등이 있으나, 장래의 분쟁 예방을 위하여 공사도급계약 당시부터 저당권설정에 관한 약정을 비롯하여, 공사대금에 관한 약속어음 공증 등을 고려할 수 있습니다. 물론, 발주자인 도급인의 협조가 있어야 한다는 점에서 한계가 있습니다.

참조판례

대법원 2009.5.19. 자 2009마406 결정 【부동산처분금지가처분】

민사집행법 제81조 제1항 제2호 단서, 제3항은 미등기건물의 강제경매신청서에는 그 건물이 채무자의 소유임을 증명할 서류, 그 건물의 지번·구조·면적을 증명할 서류 및 그 건물에 관한 건축허가 또는 건축신고를 증명할 서류를 붙이거나 그의 조사를 집행법원에 신청하도록 규정하고, 민사집행규칙 제42조 제2항은 민사집행법 제81조 제1항 제2호 단서의 규정에 따라 채권자가 제출한 서류에 의하여 강제경매신청을 한 건물의 지번·구조·면적이 건축허가 또는 건축신고된 것과 동일하다고 인정되지 아니하는 때에는 법원은 강제경매신청을 각하하여야 한다고 규정하며, 민사집행규칙 제218조는 보전처분의 집행에 관하여는 특별한 규정이 없으면 강제집행에 관한 규정을 준용하도록 규정하고 있는 바, 위 규정들을 종합하여 보면, 완공되지 아니하여 보존등기가 경료되지 아니하였거나 사용승인되지 아니한 건물이라고 하더라도 채무자의 소유로서 건물로서의 실질과 외관을 갖추고 그의 지번·구조·면적 등이 건축허가 또는 건축신고의 내용과 사회통념상 동일하다고 인정되는 경우에는 보전처분의 대상으로 삼을 수 있다고 할 것이나, 그에 이르지 못한 경우에는 보전처분의 대상이 될 수 없는 것으로서 해당 미등기건물에 대한 보전처분신청은 각하되어야 할 것이다.
이 사건에 관하여 보면, 재항고인의 주장 및 그 제출 자료에 의하더라도 이 사건 아파트는 각 동별로 14 내지 15층으로 건축허가를 받았으나 각 동별로 10 내지 13층까지만 골조공사가 진행된 채 전체 공사가 중단되었고, 따라서 현 상태로서는 공사 중인 이 사건 아파트와 건축허가 받은 내역 사이에 그 구조적인 면에서 동일성을 인정할 수 없는 것이므로, 원심의 판단은 그 이유가 다소 부적절하기는 하나 이 사건 신청을 각하한 결론에 있어서는 정당하다.

2 공사대금에 대한 대물변제와 사해행위

Q

A 회사는 1997.9.11. 자신의 공장부지 지상에 공장건물을 신축하는 건축허가를 받고, B 건설사와 사이에 금30억 원 상당의 공사도급계약을 체결하였습니다. B 건설사가 기성고 20억 상당의 공사를 진행하다가 공사를 포기하자, A 회사는 다시 C 건설사와 사이에 약 19억원 상당의 공사도급계약을 체결하였습니다. 그런데 B 건설사가 공정율 70~80% 상당 진행된 상황에서 A 회사가 부도를 내고 말았습니다. 이에 A 회사의 채권자단은 C 건설사와 사이에 공사대금지급의무를 인수하고, 공사대금 지급담보를 위하여 신축공장허가명의를 C 건설사로 변경해 주었습니다. 이러한 상황에서 B 건설사는 지급받지 못한 기성 공사대금 20억 원을 지급받기 위하여 A 회사와 C 건설회사 사이의 신축공장허가명의 변경 약정은 사해행위라고 주장하는데, 타당한 것인지요.

A

1. B의 유치권 및 가압류 행사 실익 검토

이 사건에서 B는 자신의 기성 공사대금 20억원을 확보하기 위하여 공정율에 따른 건물 완성 부분에 대하여 유치권을 행사하거나 또는 A의 소유 공장부지에 대하여 가압류를 해 두었어야 했습니다. 아마도 B는 자신의 공사를 포기하면서 유치권도 포기한 것으로 보이고, A의 공장부지도 제3자에게 근저당권이 설정되어 채권가압류의 실익이 없었던 것으로 보입니다.

2. 채무초과상태에서의 '대물변제'나 '담보제공'이 사해행위인지

(1) 원칙적으로 사해행위 긍정

대법원은 원칙적으로 채무초과 상태에서의 특정채권자에 대한 '대물변제'를 사해행위로 인정하고 있습니다. 즉, 대법원은 '채무자의 재산이 채무의 전부를 변제하기에 부족한 경우에 채무자가 그의 유일한 재산을 어느 특정 채권자에게 대물변제로 제공하여 양도하였다면 그 채권자는 다른 채권자에 우선하여 채권의 만족을 얻는 반면 그 범위 내에서 공동담보가 감소됨에 따라 다른 채권자는 종전보다 더 불리한 지위에 놓이게 되므로 이는 곧 다른 채권자의 이익을 해하는 것이라고 보아야 하고, 따라서 채무자가 그의 유일한 재산을 채권자들 가운데 어느 한 사람에게 대물변제로 제공하는 행위는 다른 특별한 사정이 없는 한 다른 채권자들에 대한 관계에서 사해행위가 된다'고 판시하고 있습니다(대법원 2005.11.10. 선고 2004다7873 판결).

이러한 점은 '담보제공'의 경우에도 마찬가지라고 할 것입니다. 즉, 대법원은 '채무초과 상태에 있는 채무자가 그 소유의 부동산을 채권자 중의 어느 한 사람에게 채권담보로 제공하는 행위는 특별한 사정이 없는 한 다른 채권자들에 대한 관계에서 사해행위에 해당한다'고 판시하고 있습니다(대법원 2001.5.8. 선고 2000다66089 판결).

⑵ 예외적으로 사해행위 부정

그런데 위와 같은 사건에서 대법원은 채무초과상태에서의 특정 채권자에 대한 담보제공행위가 원칙적으로 사해행위에 해당한다고 하면서도, '이 사건과 같이 자금난으로 사업을 계속 추진하기 어려운 상황에 처한 채무자가 자금을 융통하여 사업을 계속 추진하는 것이 채무 변제력을 갖게 되는 최선의 방법이라고 생각하고 자금을 융통하거나 사업을 계속하기 위하여 부득이 부동산을 특정 채권자에게 담보로 제공하였다면 달리 특별한 사정이 없는 한 채무자의 담보권 설정행위는 사해행위에 해당하지 않는다고 할 것이다'라고 판단한 바 있습니다(대법원 2001.5.8. 선고 2000다66089 판결).

즉, A가 건축주 명의를 C로 변경해 준 이유가 공장 신축공사를 완공하여 공장을 가동하는 것이 채권자들에 대한 최대한의 변제력을 확보하는 최선의 방법이었고, 공사대금 지급을 담보하기 위하여 C에게로 그 신축 공장의 건축주 명의를 변경하여 준 것은 공장을 완공하기 위한 부득이한 조치였다고 할 것이므로 이는 사해행위가 되지 않는다는 것입니다.

3. 채권확보를 위한 B의 대응

따라서 B는 자신의 채권확보를 위해서 A의 채권단에 참가하는 것이 올바른 판단이었다고 할 것입니다. 다만, B도 향후에 A의 채권단과 협상을 하여 공사대금 채권을 확보하거나 또는 A가 공장명의를 다시 회복하는 경우에 자신의 공사대금 채권을 확보할 수 있을 가능성도 있다고 할 것입니다.

참조판례

대법원 2005.11.10. 선고 2004다7873 판결 【사해행위취소】

채무자의 재산이 채무의 전부를 변제하기에 부족한 경우에 채무자가 그의 유일한 재산을 어느 특정 채권자에게 대물변제로 제공하여 양도하였다면 그 채권자는 다른 채권자에 우선하여 채권의 만족을 얻는 반면 그 범위 내에서 공동담보가 감소됨에 따라 다른 채권자는 종전보다 더 불리한 지위에 놓이게 되므로 이는 곧 다른 채권자의 이익을 해하는 것이라고 보아야 하고, 따라서 채무자가 그의 유일한 재산을 채권자들 가운데 어느 한 사람에게 대물변제로 제공하는 행위는 다른 특별한 사정이 없는 한 다른 채권자들에 대한 관계에서 사해행위가 된다.

대법원 2001.5.8. 선고 2000다66089 판결 【사해행위취소등】

[1] 채무초과 상태에 있는 채무자가 그 소유의 부동산을 채권자 중의 어느 한 사람에게 채권담보로 제공하는 행위는 특별한 사정이 없는 한 다른 채권자들에 대한 관계에서 사해행위에 해당한다고 할 것이나, 자금난으로 사업을 계속 추진하기 어려운 상황에 처한 채무자가 자금을 융통하여 사업을 계속 추진하는 것이 채무 변제력을 갖게 되는 최선의 방법이라고 생각하고 자금을 융통하거나 사업을 계속하기 위하여 부득이 부동산을 특정 채권자에게 담보로 제공하였다면 달리 특별한 사정이 없는 한 채무자의 담보권 설정행위는 사해행위에 해당하지 않는다.
[2] 공장신축공사가 공정률 60~70% 정도 진행된 상태에서 도급업자의 자금난으로 중단되자 도급업자의 위임을 받은 채권자단이 수급업자로 하여금 수급업자의 부담 하에 공사를 계속하게 하기 위하여 공사대금의 담보조로 신축공장의 건축주 명의를 수급업자로 변경하여 준 경우, 공장신축공사를 완공하여 공장을 가동하는 것이 채권자들에 대한 최대한의 변제력을 확보하는 최선의 방법이었고 수급인에게 신축공장의 건축주 명의를 변경하여 준 것은 공장을 완공하기 위한 부득이한 조치였으므로 사해행위에 해당하지 않는다고 한 사례.

대법원 2003.12.12. 선고 2001다57884 판결 【사해행위취소등】

[1] 채무자의 사해의사를 판단함에 있어 사해행위 당시의 사정을 기준으로 하여야 할 것임은 물론이나, 사해행위라고 주장되는 행위 이후의 채무자의 변제 노력과 채권자의 태도 등도 사해의사의 유무를 판단함에 있어 다른 사정과 더불어 간접사실로 삼을 수도 있다.
[2] 채무자가 토지에 집합건물을 지어 분양하는 사업을 추진하던

중 이미 일부가 분양되었는데도 공정률 45.8%의 상태에서 자금난으로 공사를 계속할 수 없게 되자 건축을 계속 추진하여 건물을 완공하는 것이 이미 분양받은 채권자들을 포함하여 채권자들의 피해를 줄이고 자신도 채무변제력을 회복하는 최선의 방법이라고 생각하고, 사업을 계속하기 위한 방법으로 신탁업법상의 신탁회사와 사이에 신탁계약을 체결한 것으로 자금난으로 공사를 계속할 수 없었던 채무자로서는 최대한의 변제력을 확보하는 최선의 방법이었고 또한 공사를 완공하기 위한 부득이한 조치였다고 판단되므로 사해행위에 해당되지 않는다고 한 사례.

3 수급인의 건물완성에 따른 공사대금을 받기 위한 경매신청

Q

A 건설사는 2005년 B로부터 서울 마포구 일대에 쇼핑몰 공사를 150억 원에 진행하기로 계약했습니다. 이후 쇼핑몰 공사가 완료됐지만, B의 채무로 인해 A 건설사는 공사대금을 받지 못했습니다. A 건설사는 2008.11. 밀린 공사대금 91억여 원을 받지 못했다며 쇼핑몰에 유치권을 행사하고 있었습니다. 나아가 A 건설사는 법원에 경매를 신청할 수 있는지요.

A

1. 공사대금 지급확보 수단과 실효성 – 유치권, 저당권

일반적으로 수급인이 건물공사를 완성하였음에도 불구하고 도급인으로부터 공사대금을 지급받지 못하는 경우에 수급인은 완공된 건물의 인도를 거부하고 이를 유치하는 유치권을 행사하거나(민법 제320조), 공사대금채권을 담보하기 위하여 도급인에 대하여 저당권의 설정을 청구할 수 있습니다(민법 제666조).

그러나 완성된 건물에 대한 계속적 점유를 취득하지 못하거나 상실하는 경우에는 유치권 행사가 불가능하고, 도급인이 건물의 보존등기와 동시에 이를 제3자에게 소유권이전등기절차를 마치게 되면 저당권의 설정청구는 실효성이 없게 됩니다.

2. 유치권자의 경매신청과 소멸주의와 인수주의

(1) 위와 같이 유치권 행사나 저당권설정 청구 등이 실효성이 없게 되는 경우, 수급인은 공사대금을 받기 위하여 완성된 건물을 경매대상 목적물로 하여 경매신청을 모색하게 되는데, 이 경우에 부동산이 낙찰되면 부동산에 설정된 가압류 또는 선행 근저당권 등은 소멸하는지(소멸주의), 인수되는지(인수주의) 여부가 문제됩니다.

특히 '인수주의'는 낙찰 받은 부동산의 담보권이 행사되면 매수인은 다시 경매를 당해야 하는 문제점과 입찰참가자들은 부동산에 다른 물권이 설정되지 않은 깨끗한 부동산을 선호하기 때문에 결국 유치권이 설정된 부동산은 경매가 잘 이뤄지지 않아 경낙대금이 불합리하게 낮아지는 문제점이 발생하게 됩니다.

(2) 이에 최근 대법원은 '유치권에 의한 경매도 강제경매나 담보권 실행을 위한 경매와 마찬가지로 부동산의 부담을 소멸시키는 것을 법정매각조건으로 하여 실시되고, 우선채권자뿐만 아니라 일반채권자의 배당요구도 허용되며 유치권자는 일반채권자와 동일한 순위로 배당을 받을 수 있다'고 판단한 바 있습니다(대법원 2011.6.15. 자 2010마1059 결정 참조).

이와 같은 대법원의 판단은 공사대금 채권을 피담보 채권으로 하는 유치권자들이 자신의 피담보채권의 실현 가능성을 높였고, 이에 유치권에 기한 경매가 활성화 될 것으로 기대된다고 할 것입니다.

(3) 결국, A는 완성된 쇼핑몰 건물에 대하여 경매신청을 할 수 있고, 공사대금 91억여 원에 대하여 일반채권자와 동일한 순위로 배당을 받을 수 있을 것입니다.

참조판례

대법원 2011.6.15. 자 2010마1059 결정
【유치권신청에의한임의경매결정에대한즉시항고】

[1] 민사집행법 제91조 제2항, 제3항, 제268조는 경매의 대부분을 차지하는 강제경매와 담보권 실행을 위한 경매에서 소멸주의를 원칙으로 하고 있을 뿐만 아니라 이를 전제로 하여 배당요구의 종기결정이나 채권신고의 최고, 배당요구, 배당절차 등에 관하여 상세히 규정하고 있는 점, 민법 제322조 제1항에 "유치권자는 채권의 변제를 받기 위하여 유치물을 경매할 수 있다."고 규정하고 있는데, 유치권에 의한 경매에도 채권자와 채무자의 존재를 전제로 하고 채권의 실현·만족을 위한 경매를 상정하고 있는 점, 반면에 인수주의를 취할 경우 필요하다고 보이는 목적부동산 위의 부담의 존부 및 내용을 조사·확정하는 절차에 대하여 아무런 규정이 없고 인수되는 부담의 범위를 제한하는 규정도 두지 않아, 유치권에 의한 경매를 인수주의를 원칙으로 진행하면 매수인의 법적 지위가 매우 불안정한

상태에 놓이게 되는 점, 인수되는 부담의 범위를 어떻게 설정하느냐에 따라 인수주의를 취하는 것이 오히려 유치권자에게 불리해질 수 있는 점 등을 함께 고려하면, 유치권에 의한 경매도 강제경매나 담보권 실행을 위한 경매와 마찬가지로 목적부동산 위의 부담을 소멸시키는 것을 법정매각조건으로 하여 실시되고 우선채권자뿐만 아니라 일반채권자의 배당요구도 허용되며, 유치권자는 일반채권자와 동일한 순위로 배당을 받을 수 있다고 보아야 한다. 다만 집행법원은 부동산 위의 이해관계를 살펴 위와 같은 법정매각조건과는 달리 매각조건 변경결정을 통하여 목적부동산 위의 부담을 소멸시키지 않고 매수인으로 하여금 인수하도록 정할 수 있다.

[2] 유치권에 의한 경매가 소멸주의를 원칙으로 하여 진행되는 이상 강제경매나 담보권 실행을 위한 경매의 경우와 같이 목적부동산 위의 부담을 소멸시키는 것이므로 집행법원이 달리 매각조건 변경결정을 통하여 목적부동산 위의 부담을 소멸시키지 않고 매수인으로 하여금 인수하도록 정하지 않은 이상 집행법원으로서는 매각기일 공고나 매각물건명세서에 목적부동산 위의 부담이 소멸하지 않고 매수인이 이를 인수하게 된다는 취지를 기재할 필요 없다.

[3] 유치권에 의한 경매절차에서 집행법원이 매각기일 공고와 매각물건명세서 작성을 하면서 목적부동산이 매각되더라도 그 위에 설정된 제한물권 등 부담이 소멸하지 않고 매수인이 이를 인수하게 된다는 취지의 기재를 하지 않았고, 이에 집행법원이 경매절차에 매수인이 인수할 부담의 존재에 관하여 매수신청인 등에게 이를 고지하지 않은 중대한 잘못이 있다는 이유로 매각을 불허하고 원심이 이를 그대로 유지한 사안에서, 집행법원이 목적부동산 위의 부담이 소멸하지 않고 매수인에게 이를 인수시키기로 하는 변경결정을 하지 않은 이상 그러한 취지를 매각기일 공고나 매각물건명세서에 기재하는 등으로 매수신청인 등에게 고지하여야만 하는 것이 아님

에도 유치권에 의한 경매가 인수주의로 진행됨을 전제로 위와 같이 매각을 불허한 집행법원의 판단을 그대로 유지한 원심결정에는 유치권에 의한 경매에 관한 법리오해의 위법이 있다고 한 사례.

대법원 2012.11.15. 선고 2012도9603 판결 【사기미수·위증】

유치권에 의한 경매를 신청한 유치권자는 일반채권자와 마찬가지로 피담보채권액에 기초하여 배당을 받게 되는 결과 피담보채권인 공사대금 채권을 실제와 달리 허위로 크게 부풀려 유치권에 의한 경매를 신청할 경우 정당한 채권액에 의하여 경매를 신청한 경우보다 더 많은 배당금을 받을 수도 있으므로, 이는 법원을 기망하여 배당이라는 법원의 처분행위에 의하여 재산상 이익을 취득하려는 행위로서, 불능범에 해당한다고 볼 수 없고, 소송사기죄의 실행의 착수에 해당한다.

4 건물 소유권을 원시취득하지 못한 원래 건축주에 대한 보상

Q

A가 건물신축 공사를 진행하던 중, 건물이 완성되기 전 공사가 중단된 상황에서 B가 이를 이어받아 계속 진행함으로써 건물에 대하여 소유권을 취득한 경우, 건물에 대하여 소유권을 상실한 A는 어떻게 보상되는지요.

A

1. 신축건물 완공자의 소유권 취득

건축공사가 중단된 미완성의 건물을 인도받아 잔여공사를 마치고 완공한 경우, 신축건물의 소유권 귀속을 결정하는 판단 기준에 관하여, 대법원은 '사회통념상 독립한 부동산으로서의 건물의 형태와 구조를 갖춘 상태를 기준으로 완성된 건물의 소유자, 즉 원시취득자를 결정한다'고 판시하여 왔습니다. 즉, 미완성 건물을 인수받아 완공한 경우 소유권을 취득하는 자는 인수하여 건물을 완공한 자가 소유권을 취득하게 됩니다.

2. 부당이득반환 법리에 따른 정산

(1) 이러한 신축건물의 소유권 귀속에 관한 법리에 따르면 원래의 건축주 A는 중단시점에서 독립한 건물로서의 요건을 갖춘 정도에 이르지 못하였다면 상당한 노력과 비용을 투입하고도 건물자체에 대한 권리를 주장할 수 없게 되어 손실을 입게 됩니다. 반면에 공사를 속행하여 소유권을 취득한 B는 자신이 기여하지 않은 기성부분의 성과까지 자신의 것으로 취득하여 이득을 얻게 됩니다.

대개는 건축주 명의를 인수인계하는 과정에서 신·구 건축주 사이에서 약정에 따른 정산이 이루어질 것이지만, 그러한 약정에 따른 정산이 순조롭지 않은 경우 양자 간의 이해관계를 조정하는 법리가 요구된다고 할 것입니다.

(2) 이러한 사건에 있어서 대법원은 '원래의 건축주가 민법 제261조, 제257조, 제259조 등의 부합(附合)과 관련한 규정을 준용하여 보상을 청구할 수 있다'고 판시하고 있는 바, 이는 성질상 '부당이득반환' 법리에 의한 구상권을 말하는 것입니다(대법원 2009.9.24. 선고 2009다15602 판결).

여기서 '부당이득'이라 함은 '법률상 원인 없이 타인의 노무나 재산으로 인하여 부당하게 이득을 얻고 그 결과 타인에게는 손해를 가하게 되는 것'을 말하는데, 결국 이 사건의 경우에 있어서 새로운 건축주인 B가 원래의 건축부분에까지 자신의 권리가 미치는 것과 관련한 계약의 존재 등의 다른 사정을 입증하지 못하는 한, 부당이득이 있다 판단될 것입니다.

3. 부당이득의 범위

그리고 이 경우 구상할 수 있는 부당이득액은 원래 건축주인 A가 투입한 공사대금이 아니라, 공사의 결과물인 미완성 건물의 객관적 가액을 평가하여 산정하게 되며, 소송상 다툼으로 비화되는 경우 재판과정에서 감정 등을 거쳐 판단하게 될 것입니다.

참조판례

대법원 2009.9.24. 선고 2009다15602 판결 【양수금】

[1] 어떠한 동산이 민법 제256조에 의하여 부동산에 부합된 것으로 인정되기 위해서는 그 동산을 훼손하거나 과다한 비용을 지출하지 않고서는 분리할 수 없을 정도로 부착·합체되었는지 여부 및 그 물리적 구조, 용도와 기능면에서 기존 부동산과는 독립한 경제적 효용을 가지고 거래상 별개의 소유권의 객체가 될 수 있는지 여부 등을 종합하여 판단하여야 하고, 이러한 부동산에의 부합에 관한 법리는 건물의 증축의 경우는 물론 건물의 신축의 경우에도 그대로 적용될 수 있다.
위 법리에 비추어 보면, 원심이, 원고의 소유권 유보에도 불구하고 원고 소유이던 이 사건 철강제품이 공장건물들의 증축 및 신축에

사용되어 공장건물들에 부합됨으로써 공장건물들의 소유자인 피고가 이 사건 철강제품의 소유자가 되었다고 인정한 판단은 정당하고, 거기에 상고이유로 주장하는 부합에 관한 법리오해의 위법이 없다. [2] 민법 제261조에서 첨부로 법률규정에 의한 소유권 취득(민법 제256조 내지 제260조)이 인정된 경우에 "손해를 받은 자는 부당이득에 관한 규정에 의하여 보상을 청구할 수 있다"라고 규정하고 있는바, 이러한 보상청구가 인정되기 위해서는 민법 제261조 자체의 요건만이 아니라, 부당이득 법리에 따른 판단에 의하여 부당이득의 요건이 모두 충족되었음이 인정되어야 한다. 매도인에게 소유권이 유보된 자재가 제3자와 매수인 사이에 이루어진 도급계약의 이행으로 제3자 소유 건물의 건축에 사용되어 부합된 경우 보상청구를 거부할 법률상 원인이 있다고 할 수 없지만, 제3자가 도급계약에 의하여 제공된 자재의 소유권이 유보된 사실에 관하여 과실 없이 알지 못한 경우라면 선의취득의 경우와 마찬가지로 제3자가 그 자재의 귀속으로 인한 이익을 보유할 수 있는 법률상 원인이 있다고 봄이 상당하므로, 매도인으로서는 그에 관한 보상청구를 할 수 없다. 이와 같은 법리에 비추어 보면, 원고에게 소유권이 유보된 이 사건 철강제품이 소외 주식회사에 의한 도급계약상의 급부에 의하여 피고의 공장건물들의 증축 및 신축에 사용됨에 따라 공장건물들에 부합된 이 사건에서, 그 도급계약상의 이행에 의하여 부합이 이루어졌다는 사정만으로는 피고가 그 자재에 관한 이익을 보유할 법률상의 원인이 있다고 할 수 없지만, 피고의 공장건물들에 부합된 이 사건 철강제품의 소유권이 원고에게 유보되어 있다는 사정을 피고가 과실 없이 알지 못하였음이 인정되는 경우에는 피고가 그 자재에 관한 이익을 보유할 법률상의 원인이 있다고 보아 부당이득에 의한 보상청구를 부정하여야 할 것이다.

대법원 2002.10.25. 선고 2000다63110 판결 【건물명도】

[1] 건물이 증축된 경우에 증축 부분이 기존건물에 부합된 것으로 볼 것인가 아닌가 하는 점은 증축 부분이 기존건물에 부착된 물리적 구조뿐만 아니라, 그 용도와 기능의 면에서 기존건물과 독립한 경제적 효용을 가지고 거래상 별개의 소유권 객체가 될 수 있는지의 여부 및 증축하여 이를 소유하는 자의 의사 등을 종합하여 판단하여야 한다.

[2] 지하 1층, 지상 7층의 주상복합건물을 신축하면서 불법으로 위 건물 중 주택 부분인 7층의 복층으로 같은 면적의 상층을 건축하였고, 그 상층은 독립된 외부 통로가 없이 하층 내부에 설치된 계단을 통해서만 출입이 가능하고, 별도의 주방시설도 없이 방과 거실로만 이루어져 있으며, 위와 같은 사정으로 상·하층 전체가 단일한 목적물로 임대되어 사용된 경우, 그 상층 부분은 하층에 부합되었다고 본 사례.

[3] 건물의 증축 부분이 기존건물에 부합하여 기존건물과 분리하여서는 별개의 독립물로서의 효용을 갖지 못하는 이상 기존건물에 대한 근저당권은 민법 제358조에 의하여 부합된 증축 부분에도 효력이 미치는 것이므로 기존건물에 대한 경매절차에서 경매목적물로 평가되지 아니하였다고 할지라도 경락인은 부합된 증축 부분의 소유권을 취득한다.

대법원 2013.11.28. 선고 2013도459 판결 【사기미수】

자기의 비용과 노력으로 건물을 신축하여 그 소유권을 원시취득한 미등기건물의 소유자가 있고 그에 대한 채권담보 등을 위하여 건축허가명의만을 가진 자가 따로 있는 상황에서, 건축허가명의자에 대한 채권자가 위 명의자와 공모하여 명의자를 상대로 위 건물에 관한 강제경매를 신청하여 법원의 경매개시결정이 내려지고, 그에 따라 위 명의자 앞으로 촉탁에 의한 소유권보존등기가 되고 나아가 그 경매절차에서 건물이 매각되었다고 하더라도, 위와 같은 경매신청 행위 등이 진정한 소유자에 대한 관계에서 사기죄가 된다고 볼 수는 없다. 왜냐하면 위 경매절차에서 한 법원의 재판이나 법원의 촉탁에 의한 소유권보존등기의 효력은 그 재판의 당사자도 아닌 위 진정한 소유자에게는 미치지 아니하는 것이어서, 피기망자인 법원의 재판이 피해자의 처분행위에 갈음하는 내용과 효력이 있는 것이라고 보기는 어렵기 때문이다. ~ 한편 원심은 위 경매절차에서 이 사건 주택이 매각되고 그 매각대금이 완납될 경우 피해자는 그 소유권을 상실한다고 하였으나, 경매절차에서의 매수인은 경매부동산을 승계취득하는 데 불과하므로 그 부동산의 진정한 소유자에게는 대항할 수 없다는 점을 아울러 지적하여 둔다.

대법원 2010.7.15. 선고 2009다67276 판결 【건축주명의변경절차이행】

[1] 집합건축물을 신축함에 있어서 건축주명의자 아닌 자에게 일부 전유부분을 양도하는 합의가 유효하다고 하더라도, 건축허가는 하나의 건축물에 대하여 주어지는 것이고(건축법 제11조, 제2조 제1항 제2호) 건축허가의 특성상 전유부분별로 나눌 수 없음이 원칙이므로, 건축 중인 집합건축물의 일부 전유부분을 양수받은 자가 건물 완공 후 자신의 명의로 소유권보존등기를 하기 위해서는 사용승인 전에 건축법 시행규칙 제11조에 따른 건축관계자변경신고에 따라 자신을 건축물 전체에 관한 공동건축주로 추가하여야 하고, 그 후 사용승인 신청 시 건축법 시행규칙 제16조 [별지 제17호 서식]에 공동건축주들이 전유부분별로 소유자를 구분하여 기재함으로써 사용승인 후 작성될 집합건축물관리대장에 양수인을 특정 전유부분에

관한 소유자로 등재되게 하여 해당 전유부분에 관한 보존등기를 할 수 있다.

[2] 원심이 다세대주택 중 소유권보존등기가 되지 아니한 일부 전유부분에 관한 건축주명의변경절차의 이행을 명한 것은 피고에게 원고를 위 다세대주택 전체에 관한 건축허가의 공동건축주로 추가하고, 사용승인 신청 시 특정 전유부분을 원고에게 귀속시킬 의무가 있음을 나타내는 취지로 볼 수 있고, 최소한 원심판결이 건축법 시행규칙 제11조에서 말하는 건축관계자명의변경신고에서 원고를 공동건축주로 추가할 권리관계의 변경사실을 증명할 수 있는 서류의 역할을 할 수 있어 집행가능성이 없다고는 볼 수 없으므로, 건축주명의변경을 구하는 소의 이익이 있다고 한 사례.

대법원 2010.1.28. 선고 2009다66990 판결 【건물명도】

신축건물의 소유권은 원칙적으로 자기의 노력과 재료를 들여 이를 건축한 사람이 원시적으로 취득하는 것이나, 건물신축도급계약에서 수급인이 자기의 노력과 재료를 들여 건물을 완성하더라도 도급인과 수급인 사이에 도급인 명의로 건축허가를 받아 소유권보존등기를 하기로 하는 등 완성된 건물의 소유권을 도급인에게 귀속시키기로 합의한 경우에는 그 건물의 소유권은 도급인에게 원시적으로 귀속되고, 이때 신축건물이 집합건물로서 여러 사람이 공동으로 건축주가 되어 도급계약을 체결한 것이라면, 그 집합건물의 각 전유부분 소유권이 누구에게 원시적으로 귀속되느냐는 공동 건축주들 사이의 약정에 따라야 한다.

CHAPTER

7

지체상금

1 공사완공이 지체된 경우의 수급인 책임 - 지체상금

Q

건축공사 도급계약을 함에 있어 수급인이 약정한 기일 내에 공사를 완료하지 못했을 경우에 도급인이 손해배상을 받을 수 있는 방법이 있는지요.

A

1. 지체상금 약정

지체상금 약정이란 도급인과 수급인이 건축공사 도급계약을 함에 있어 수급인이 약정한 완공기일 내에 공사를 완공하지 못하는 등 도급계약에 따른 의무이행을 지체(지연)한 경우, 도급인에게 지급할 손해배상액을 미리 정하여둔 것을 말합니다.

지체상금 약정은 수급인이 공사이행을 지체하였을 때 비로소 그 효력이 발생하는 것으로(대법원 1999.3.26. 선고 98다26590 판결 등), 특별한 경우를 제외하고는 지체사실이 발생하면 입증곤란을 덜고 간이하게 처리할 수 있습니다.

따라서 도급인이 지체상금 약정이 있는 경우에는 그 지체사실만 입증하면 손해가 없더라도 예정된 손해배상금(지체상금)을 청구할 수 있습니다. 물론 도급인의 손해가 없다면 감액의 고려요소가 될 수 있을 것입니다.

2. 통상적인 지체상금 약정 내용

보통 민간 건설공사 표준계약서에는 지체상금이라 표제 하에, 수급인이 준공기한 내에 공사를 완공하지 못하는 경우 매 지체일수마다 일정한 지체상금율(통상 1/1,000)을 곱한 금액으로 하고 있습니다.

그러나 표준계약서는 일응의 '예시'에 불과하므로 구체적으로 계약서에 지체상금율, 발생요건, 면책사유 등을 명확히 규정하는 것이 분쟁예방에 유익하다고 할 것입니다.

3. 지체상금 발생 요건

⑴ 지체상금약정의 존재 - 지체상금 약정은 장래 발생할 손해의 예정이므로 이를 청구하는 도급인이 약정의 존재를 입증하여야 하고, 만일 약정이 없으면 도급인이 수급인의 공사지체로 인한 구체적인 손해액을 주장·입증하여야 합니다.

⑵ 수급인의 귀책사유에 의한 지체 - 도급인은 수급인의 객관적인 공사지체 사실을 입증하면 족하고, 그로 인한 손해를

입증할 필요는 없습니다. 실무상 약정 완공기일을 도과한 것이 인정되면 수급인이 채무불이행 책임을 인정하는 것이 보통입니다. 또한 손해배상 요건과 마찬가지로 수급인의 귀책사유가 입증되어야 합니다(대법원 1987.7.25. 선고 88다카6273, 6280 판결).

(3) 면책사유의 부존재 – 수급인은 자신의 귀책사유 없이 지연된 기간을 주장·입증하여 공제할 것을 항변할 수 있습니다. 그러나 특별한 사정이 없는 한 여름 장마, 겨울 혹한 등 통상적인 기후예측변화에 의한 경우에는 수급인이 면책될 수 없을 것입니다.

4. 지체상금의 청구 및 감액

도급인은 지체상금 약정의 존재, 수급인의 귀책사유로 인한 공사 중단을 입증하여, 지체상금을 청구할 수 있습니다.

다만 지체상금 약정에 따라 산정된 지체상금이 과다한 경우에는 민법 제398조 제2항에 따라 법원은 적당히 감액할 수 있는데, 특히 ① 계약 당사자의 지위, ② 계약의 목적과 내용, ③ 손해배상액을 예정하게 된 경위 또는 동기, ④ 채무액에 대한 지체상금 예정액의 비율, ⑤ 그 당시 거래관행 및 경제상태, ⑥ 실제 손해의 크기 등을 참작하여 일반사회인이 납득할 수 없는 손해인 경우(대법원 1995.12.12. 선고 95다28526 판결), 또는 위 제반사정을 감안할 때 경제적 약자의 지위에 있는 수급인에게 부당하게 압박을 가하여 공정을 잃은 결과를 초래된다고 인정되면 감액할 수 있을 것입니다(대법원 1993. 4.23 선고 92다41719 판결).

참조판례

대법원 2012.10.11. 선고 2010다34043,34050 판결
【공사대금등·지체상금】

[1] 도급계약에 있어서 지체상금 약정의 적용 범위를 정하는 것은 도급계약에 나타난 당사자 의사의 해석 문제로서, 당사자 의사가 명확하지 아니한 경우 그 약정의 내용과 약정이 이루어지게 된 동기 및 경위, 당사자가 이로써 달성하려는 목적, 거래의 관행 등을 종합적으로 고려하여 보고, 특히 건설공사 도급계약의 경우 지체상금 약정을 하는 것은 공사가 비교적 장기간에 걸쳐 시행되기 때문에 그 사이에 공사의 완성에 장애가 되는 사정이 발생할 가능성이 많으므로, 이러한 경우에 대비하여 도급인의 손해액에 대한 입증 곤란을 덜고 손해배상에 관한 법률관계를 간이화할 목적에서라는 점을 감안하여 당사자의 의사를 합리적으로 해석한 다음 그 적용 여부를 결정하여야 한다(대법원 1999.1.26. 선고 96다6158 판결 등 참조).

[2] 지체상금 약정은 수급인이 약정 준공일보다 늦게 공사를 완료하거나 수급인의 귀책사유로 도급계약이 해제된 경우뿐만 아니라 도급인의 귀책사유로 도급계약이 해제된 경우에도 적용이 된다 할 것이고, 이 경우에는 도급인의 귀책사유가 발생하지 아니하여 수급인이 공사를 계속하였더라면 완성할 수 있었을 때까지의 기간을 기준으로 하여 당초의 준공예정일로부터 지체된 기간을 산정하는 방법으로 지체일수를 적용해야 할 것이다.

[3] 지체상금에 관한 약정은 수급인이 일의 완성을 지체한 데 대한 손해배상액의 예정이므로, 법원은 민법 제398조 제2항의 규정에 따라 그것이 부당하게 과다하다고 인정하는 경우에는 이를 적당히 감액할 수 있다.

[4] 건축공사도급계약에서 기성부분에 대한 공사대금을 공사단계에 따라 도급인이 확인·검사하여 구분지급하기로 약정한 경우에 기성검사가 이미 마쳐진 부분이 있으면 그 부분의 공사대금은 그 계약에서 정한 날에 지급할 의무가 생기므로 그 다음날부터 지연손해금이 발생하지만, 공사 도중에 도급계약이 해제되어 수급인은 해제된 상태 그대로 건물을 도급인에게 인도하고 도급인은 그 건물의 기성고 등을 참작하여 상당한 보수를 지급할 의무를 지게 되는 경우에 기성부분이 이미 도급인에게 인도되었다면 그에 대한 보수지급의무는 다른 특별한 사정이 없는 한 계약해제의 효력이 발생한 날에 이행하여야 하고 지연손해금은 그 다음날부터 발생한다고 볼 것이다.

대법원 2013.12.26. 선고 2013다213090 판결 【공사대금등】

지체상금에 관한 약정은 수급인의 이행지체로 인한 손해배상액의 예정인 바, 법원이 손해배상 예정액이 부당히 과다하다 하여 감액하려면, 채권자와 채무자의 경제적 지위, 계약의 목적과 내용, 손해배상액을 예정한 경위(동기), 채무액에 대한 예정액의 비율, 예상 손해액의 크기, 그 당시의 거래관행과 경제상태, 채무자가 계약을 위반한 경위 등을 두루 참작한 결과, 손해배상 예정액의 지급이 채권자와 채무자 사이에 공정을 잃는 결과를 초래한다고 인정되는 경우라야 한다(대법원 1997.6.10. 선고 95다37094 판결 등 참조).

대법원 2009.12.10. 선고 2007다13992 판결 【계약보증금】

위약금은 민법 제398조 제4항에 의하여 손해배상액의 예정으로 추정되므로 위약금이 위약벌로 해석되기 위해서는 특별한 사정이 주장·입증되어야 하는데, 이 사건 도급계약 약관에 계약보증금 외에 지체상금도 규정되어 있다는 점만을 이유로 하여 이 사건 계약보증금을 위약벌로 보기는 어렵다(대법원 2000.12.8. 선고 2000다35771 판결, 대법원 2005.11.10. 선고 2004다40579 판결 등 참조).

대법원 2008.7.10. 선고 2008다15940,15957 판결 【지체상금】

[1] 주택공급사업자가 입주지연이 불가항력이었음을 이유로 그로 인한 지체상금 지급책임을 면하려면 입주지연의 원인이 그 사업자의 지배영역 밖에서 발생한 사건으로서 그 사업자가 통상의 수단을 다하였어도 이를 예상하거나 방지하는 것이 불가능하였음이 인정되어야 한다(대법원 2007.8.23. 선고 2005다59475, 59482, 59499 판결 등 참조).

[2] 이 사건 분양계약상의 지체상금에 관한 약정은 특별한 사정이 없는 한 손해배상액의 예정으로서의 성격을 갖는다고 할 것인 바, 민법 제398조 제2항의 규정에 따라 계약당사자의 지위, 계약의 목적과 내용, 지체상금을 예정한 동기, 실제의 손해와 그 지체상금액의 대비, 그 당시의 거래관행 및 경제상태 등 제반 사정을 참작하여 약정에 따라 산정한 지체상금액이 일반 사회인이 납득할 수 있는 범위를 넘어 부당하게 과다하다고 인정되는 경우에는 이를 적당히 감액할 수 있다(대법원 2002.9.4. 선고 2001다1386 판결 등 참조).

CHAPTER 8

하자담보책임

1 하자보수의무와 동시이행관계에 있는 공사대금지급채무
2 하자보수책임기간 경과 후 하자보수보증기간 내 하자 발생
3 집합건물법상의 하자담보책임의 주체
4 집합건물의 하자에 대한 책임 및 책임기간

1 하자보수의무와 동시이행관계에 있는 공사대금지급채무

Q

A 건설사는 B 회사와 '공사기간을 구건물의 철거공사가 종료한 다음 신축공사 착공 후로부터 18개월, 지체상금은 1/1000, 기성고는 착공 후 2개월마다 기성금을 지급하기로 하는 공사도급계약' 을 맺었습니다. A 건설사는 계약 후 구건물의 철거를 시작하여, 약 6개월 후 이 사건 건물을 착공하였는데, B 회사는 선급금을 지급한 이래 기성공사대금을 전혀 지급하지 않은 채 착공 후 1년이 지나 부도를 내었습니다. A 건설사는 B 회사의 부도직후 공사를 중단하였고, 그 무렵 B 회사가 A 건설사에게 지급하여야 할 공사대금은 57억원에 이르렀습니다. 한편 A 건설사가 신축한 건물에는 1층부터 9층 바닥까지의 슬래브 두께가 일정하지 않고, 플로어 덕트(Floor Duct) 매설로 인한 단면결손균열발생, 각층 보에 균열 및 처짐 현상이 발생하고, 1층부터 6층까지 내부기둥과 2층, 4층의 외부기둥이 안정에 미달하는 하자가 발생하여, 그 보수비용으로 6억원이 산정되었습니다. 이러한 경우 A 건설사의 공사대금청구에 대하여 B 회사는 하자발생을 이유로 기성공사대금 전부의 지급을 거부할 수 있는지요.

A

1. 하자보수의무와 동시이행 관계에 있는 공사대금지급의무

도급계약에 따른 수급인의 하자보수책임은 '일의 완성 후'는 물론이고, '일의 완성 전의 성취된 부분'에 관하여도 발생하는 것입니다. 그리고 이러한 도급인의 하자보수청구권(보수에 갈음하여 또는 함께 손해배상을 청구하는 경우 포함)은 수급인의 보수지급청구권과 동시이행관계에 있다고 할 것입니다.

또한 이 사건과 같이 기성고에 따라 공사대금을 분할하여 지급하기로 약정한 경우라도, 특별한 사정이 없는 한, 하자보수의무와 동시이행관계에 있는 공사대금지급채무는 당해 하자가 발생한 부분의 기성공사대금에 한정되는 것은 아니라고 할 것입니다.

2. 동시이행 항변권의 배척

다만, 수급인의 하자보수의무와 도급인의 보수지급의무 사이에 동시이행의 관계가 인정되는 경우라도, 그러한 항변권을 행사하는 자의 상대방이 그 동시이행의 의무를 이행하기 위하여 과다한 비용이 소요되거나, 그 의무의 이행이 실제적으로 어려운 반면 그 의무의 이행으로 인하여 항변권자가 얻는 이득은 그리 크지 아니하여 동시이행의 항변권의 행사가 주로 자기 채무의 이행만을 회피하기 위한 수단이라고 보이는 경우에는 그 항변권의 행사는 권리남용으로서 배척되어야 할 것입니다.

이 사건의 경우 건물의 슬래브, 보, 기둥 부분에 광범위하게 하자가 발생하였고, 이를 보수하지 않으면 이 사건 건물을 사용할 수 없으며, 그 보수를 위하여 약 6억원의 비용이 소요되는 정도이어서, B의 하자보수청구권의 행사 자체를 권리남용이라고 할 수는 없다고 할 것입니다.

3. 동시이행 항변을 할 수 있는 기성공사대금의 범위

한편 이 사건에서 B가 미지급한 기성공사대금은 57억원인데 비하여, 이 사건 건물의 하자보수비용은 6억원 정도에 불과하고, B는 선급금을 지급한 이래 약정에 따른 기성공사대금을 전혀 지급하지 않고 있을 뿐만 아니라, 현재 자력이 없고, 앞으로 하자보수공사가 완성되어도 공사대금을 지급할지 여부가 불확실한 상태이므로, 'B가 하자보수청구권을 행사하여 동시이행의 항변을 할 수 있는 기성공사대금의 범위는 기성공사대금 전부가 아니라 하자 및 손해에 상응하는 금액으로 한정하는 것이 공평과 신의칙에 부합한다'고 할 것입니다(대법원 2001.9.18. 선고 2001다9304 판결).

결국 B는 하자발생을 이유로 기성공사대금 전부의 지급을 거절할 수 없고, 단지 하자보수비용으로 산정된 6억원에 대하여만 동시이행의 항변을 제기할 수 있을 것입니다.

참조판례

대법원 2001.9.18. 선고 2001다9304 판결 【공사대금】

[1] 도급계약에 따른 수급인의 하자보수책임은 완성 전의 성취된 부분에 관하여도 성립되는 바, 완성 전의 성취된 부분이라 함은 도급계약에 따른 일이 전부 완성되지는 않았지만 하자가 발생한 부분의 작업이 완료된 상태를 말하는 것이고, 도급인이 하자보수를 주장하는 경우 법원은 보수하여야 할 하자의 종류와 정도를 특정함과 아울러 그 하자를 보수하는 적당한 방법과 그 보수에 요할 비용 등에 관하여 심리하여 봄으로써, 그 하자가 중요한 것인지 또는 그 하자가 중요한 것은 아니더라도 그 보수에 과다한 비용을 요하지 않는 것인지를 가려보아 수급인의 하자보수책임을 인정할 수 있는지 여부를 판단하여야 할 것이다(대법원 1991.12.10. 선고 91다33056 판결). [2] 기성고에 따라 공사대금을 분할하여 지급하기로 약정한 경우라도 특별한 사정이 없는 한 하자보수의무와 동시이행관계에 있는 공사대금지급채무는 당해 하자가 발생한 부분의 기성공사대금에 한정되는 것은 아니라고 할 것이다. 왜냐하면, 이와 달리 본다면 도급인이 하자발생사실을 모른 채 하자가 발생한 부분에 해당하는 기성공사의 대금을 지급하고 난 후 뒤늦게 하자를 발견한 경우에는 동시이행의 항변권을 행사하지 못하게 되어 공평에 반하기 때문이다. [3] 일반적으로 동시이행의 관계가 인정되는 경우에 그러한 항변권을 행사하는 자의 상대방이 그 동시이행의 의무를 이행하기 위하여 과다한 비용이 소요되거나 또는 그 의무의 이행이 실제적으로 어려운 반면 그 의무의 이행으로 인하여 항변권자가 얻는 이득은 별달리 크지 아니하여 동시이행의 항변권의 행사가 주로 자기 채무의 이행만을 회피하기 위한 수단이라고 보이는 경우에는 그 항변권의 행사는 권리남용으로서 배척되어야 할 것이다.

[4] 미지급 공사대금에 비해 하자보수비 등이 매우 적은 편이고 하자보수공사가 완성되어도 공사대금이 지급될지 여부가 불확실한 경우, 도급인이 하자보수청구권을 행사하여 동시이행의 항변을 할 수 있는 기성공사대금의 범위는 하자 및 손해에 상응하는 금액으로 한정하는 것이 공평과 신의칙에 부합한다고 한 사례.

[5] 계속적 거래관계에 있어서 재화나 용역을 먼저 공급한 후 일정 기간마다 거래대금을 정산하여 일정기일 후에 지급받기로 약정한 경우에 공급자가 선이행의 자기 채무를 이행하고 이미 정산이 완료되어 이행기가 지난 전기의 대금을 지급받지 못하였거나, 후이행의 상대방의 채무가 아직 이행기가 되지 아니하였지만 이행기의 이행이 현저히 불안한 사유가 있는 경우에는 민법 제536조 제2항 및 신의성실의 원칙에 비추어 볼 때 공급자는 이미 이행기가 지난 전기의 대금을 지급받을 때 또는 전기에 대한 상대방의 이행기미도래채무의 이행불안사유가 해소될 때까지 선이행의무가 있는 다음 기간의 자기 채무의 이행을 거절할 수 있다.

대법원 2014.1.16. 선고 2013다30653 판결 【손해배상(기)】

수급인의 공사대금채권이 도급인의 하자보수청구권 내지 하자보수에 갈음한 손해배상채권 등과 동시이행의 관계에 있는 점 및 피담보채권의 변제기 도래를 유치권의 성립요건으로 규정한 취지 등에 비추어 보면, 건물신축 도급계약에서 수급인이 공사를 완성하였더라도, 신축된 건물에 하자가 있고 그 하자 및 손해에 상응하는 금액이 공사잔대금액 이상이어서, 도급인이 수급인에 대한 하자보수청구권 내지 하자보수에 갈음한 손해배상채권 등에 기하여 수급인의 공사잔대금 채권 전부에 대하여 동시이행의 항변을 한 때에는, 공사잔대금 채권의 변제기가 도래하지 아니한 경우와 마찬가지로 수급인은 도급인에 대하여 하자보수의무나 하자보수에 갈음한 손해배상 의무 등에 관한 이행의 제공을 하지 아니한 이상 공사잔대금 채권에 기한 유치권을 행사할 수 없다고 보아야 한다.

대법원 1996.6.11. 선고 95다12798 판결 【공사대금】

완성된 목적물에 하자가 있어 도급인이 하자의 보수에 갈음하여 손해배상을 청구한 경우에, 도급인은 수급인이 그 손해배상청구에 관하여 채무이행을 제공할 때까지 그 손해배상액에 상응하는 보수액에 관하여만 자기의 채무이행을 거절할 수 있을 뿐이고 그 나머지 보수액은 그 지급을 거절할 수 없다고 할 것이므로, 도급인의 손해배상 채권과 동시이행관계에 있는 수급인의 공사대금 채권은 공사잔대금 채권 중 위 손해배상 채권액과 동액의 채권에 한하고, 그 나머지 공사잔대금 채권은 위 손해배상 채권과 동시이행관계에 있다고 할 수 없다고 할 것이다(당원 1994.10.11. 선고 94다2611 판결, 1991.12.10. 선고 91다33056 판결, 1990.5.22. 선고 90다카230 판결).

대법원 2014.10.27. 선고 2014다22772 판결 【하자보수비등】

[1] 아파트 분양계약에서의 분양자의 채무불이행책임이나 하자담보책임은 분양된 아파트가 당사자의 특약에 의하여 보유하여야 하거나 주택법상의 주택건설기준 등 거래상 통상 갖추어야 할 품질이나 성질을 갖추지 못한 경우에 인정되고(대법원 2008.8.21. 선고 2008다9358, 9365 판결, 대법원 2010.4.29. 선고 2007다9139 판결 등 참조), 하자 여부는 당사자 사이의 계약 내용, 해당 아파트가 설계도대로 건축되었는지 여부, 주택 관련 법령에서 정한 기준에

적합한지 여부 등 여러 사정을 종합적으로 고려하여 판단하여야 한다(대법원 2010.12.9. 선고 2008다16851 판결 등 참조).

[2] 한편 ① 사업승인도면은 사업주체가 주택건설사업계획의 승인을 받기 위해 사업계획승인권자에게 제출하는 기본설계도서에 불과하고 대외적으로 공시되는 것이 아니어서 별도의 약정이 없는 한 사업주체와 수분양자 사이에 사업승인도면을 기준으로 분양계약이 체결되었다고 볼 수는 없는 점, ② 실제 건축과정에서 공사의 개별적 특성 및 시공 현장의 여건을 감안하여 공사 항목 간의 대체시공이나 가감시공 등 설계변경이 자주 이루어지고 있는 점, ③ 이러한 설계변경의 경우 사업주체는 주택 관련 법령에 따라 사업계획승인권자로부터 사업계획의 변경승인을 받아야 하고, 경미한 설계변경에 해당하는 경우에는 사업계획승인권자에 대한 통보절차를 거치도록 하고 있는 점, ④ 이처럼 설계변경이 이루어지면 변경된 내용이 모두 반영된 최종설계도서에 의하여 사용검사를 받게 되는 점, ⑤ 사용검사 이후의 하자보수는 준공도면을 기준으로 실시하게 되는 점, ⑥ 아파트 분양계약서에 통상적으로 목적물의 설계변경 등에 대한 조항을 두고 있고, 주택 관련 법령이 이러한 설계변경절차를 예정하고 있어 아파트 분양계약에서의 수분양자는 당해 아파트가 사업승인도면에서 변경이 가능한 범위 내에서 설계변경이 이루어진 최종설계도서에 따라 하자 없이 시공될 것을 신뢰하고 분양계약을 체결하고, 사업주체도 이를 계약의 전제로 삼아 분양계약을 체결하였다고 볼 수 있는 점 등을 종합하여 보면, 사업주체가 아파트 분양계약 당시 사업승인도면이나 착공도면에 기재된 특정한 시공내역 및 시공방법대로 시공할 것을 수분양자에게 제시 또는 설명하였다거나 분양안내서 등 분양광고나 견본주택 등을 통하여 그러한 내용을 별도로 표시하여 분양계약의 내용으로 편입하였다고 볼 수 있는 특별한 사정이 없는 한 아파트에 하자가 발생하였는지 여부는 원칙

적으로 준공도면을 기준으로 판단함이 상당하다고 할 것이다. 따라서 아파트가 사업승인도면이나 착공도면과 달리 시공되었다고 하더라도 준공도면에 따라 시공되었다면 특별한 사정이 없는 한 이를 하자라고 볼 수 없다.

2 하자보수책임기간 경과 후 하자보수보증기간 내 하자 발생

Q

A 건설사는 B 아파트를 건축하여 분양하였는데, B 아파트에 대한 하자보수의무를 보증하기 위하여, 1995.4.13.경 C 주택보증사와 보증기간을 10년으로 하여 의무하자보수보증계약을 체결하고, 이러한 보증서를 관할구청장에게 예치하였습니다. 이후 B 아파트는 1995.4.25. 사용검사를 받고, 그 후 B 아파트의 입주자대표회의가 구성되자 구청장은 보증채권자를 위 입주자대표회의로 변경하였습니다. 그런데 B 아파트에는 사용검사 이후부터 지하주차장 슬래브의 균열, 아파트 외벽 균열 등의 하자가 발생하였습니다. B 아파트 측은 보증서에 기재된 10년 내에 발생한 하자이기만 하면, C 주택보증사에 대하여 보증책임을 물을 수 있는지요.

A

1. 주택법 및 주택건설촉진법 규정

(1) 현행 주택법에 의하면, 사업주체(건축주 및 시공자)는 건

축물 분양에 따른 담보책임에 관하여 전유부분은 입주자에게 인도한 날로부터, 공용부분은 공동주택의 사용검사일 또는 사용승인일로부터 공동주택의 내력구조부별 및 시설공사별로 10년 이내의 범위에서 대통령령으로 정하는 담보책임기간에 공사상 잘못으로 인한 균열, 침하, 파손 등 대통령령이 정하는 하자가 발생할 경우, 해당 공동주택의 입주자, 입주자대표회의, 관리주체, 관리단의 청구에 따라 하자를 보수하여야 하고(제46조 제1항), 이러한 하자보수를 위해 사업주체는 하자보수보증금을 예치하여야 하고(동조 제2항), 나아가 담보책임기간에 공동주택의 내력구조부에 중대한 하자가 발생할 경우에는 사업주체에게 하자 발생으로 인한 손해를 배상할 책임을 지우고 있습니다(동조 제3항).

⑵ 한편, 이 사건 발생 당시에 시행 되던 구 주택건설촉진법에서도 이와 유사한 규정을 두고 있었는데, 특히 하자가 하자보수책임기간과 상관없이 보증기간인 10년 이내 하자가 발생한 것이면, 보증사가 그 책임을 지는 것인지 문제되었습니다.

2. 주채무자 및 보증인의 하자보수책임기간

⑴ 먼저 보증인의 부담은 주채무의 목적이나 형태보다 중할 수 없으므로(보증채무의 부종성, 민법 제430조), 보증인 C의 채무범위는 주채무자인 A의 채무범위를 넘을 수 없는 것입니다.

(2) 그러므로 사업주체가 사용검사신청을 하면서 제출한 하자보수보증서에 모든 하자에 대한 보증기간이 10년으로 기재되어 있다고 하더라도, C의 보증대상이 되는 하자는 '구 공동주택관리규칙 [별표 3]에 정해진 하자보수 책임기간을 도과하기 전에 발생'하여야 하고, 그 이후에 발생한 하자는 비록 그것이 하자보수보증서에 기재된 보증기간 내에 발생하였다고 하더라도 보증대상이 아닙니다. 이것은 주채무자인 A도 하자보수책임기간이 지나 발생한 하자에 대하여는 그 하자보수책임을 지지 않을 것이어서, 보증인에게 주채무자보다 보다 중한 책임을 물을 수 없기 때문입니다.

3. 소멸시효

(1) 한편, 소멸시효 기간 및 기산일은 그 채권이 발생할 당시 시행·적용되던 법률에 따라 정해지는 것이므로, 구체적 사건에서 당시 적용되던 법률규정을 확인하는 것이 중요합니다.

(2) 이 사건 당시 시행되던 구 주택건설촉진법은 '보증채권자가 하자보수보증계약에 따라 가지는 보증금에 관한 권리에 대하여 보증기간 만료일부터 5년간 행사하지 아니하면 시효로 소멸한다.'고 규정하고 있었는데, 이후 법개정으로 1999.3.1.부터는 동 규정이 더 이상 적용되지 않습니다.

이러한 소멸시효에 관한 법률개정에 따라 대법원은, 이 사건에서 '1999.2.28.까지 발생한 하자'는 구 주택건설촉진법에 따라 하자담보책임기간 만료일로부터 5년간의 소멸시효에 걸리는 것으로, '1999.3.1. 이후 발생한 하자'에 대하여는 관련규정이 삭제되었기에, 주택보증회사인 C의 보증채무를 상사채무로 보아 5년의 상사소멸시효에 걸리는 것으로 판단하였습니다(대법원 2009.2.26. 선고 2007다83908 판결).

⑶ 결국 B 아파트에 발생한 하자가 '하자보수책임기간 내에 발생하고, 또 소멸시효가 완성되지 아니한 하자'에 대하여만, C가 책임을 지게 될 것입니다.

참조판례

대법원 2009.2.26. 선고 2007다83908 판결 【손해배상(기)등】

[1] 집합건물의 하자보수에 갈음한 손해배상청구권의 소멸시효기간은 각 하자가 발생한 시점부터 별도로 진행한다.

[2] 구 주택건설촉진법 시행령(1999.4.30. 대통령령 제16283호로 개정되기 전의 것) 제43조의5 제1항 제1호 (가)목에서는, 주택사업공제조합이 행할 수 있는 하자보수보증을 의무하자보수보증과 장기하자보수보증으로 구분하고, 의무하자보수보증을 '구 공동주택관리령(1998.12.31. 대통령령 제16069호로 개정되기 전의 것) 제16조'의 규정에 의한 하자보수의무기간 중 발생한 하자의 보수에 대한 보증이라고 규정하고 있을 뿐, 구 주택건설촉진법(1999.2.8. 법률 제5908호로 개정되기 전의 것) 제38조 제16항 및 그에 따른 구 공동주택관리령 제16조의2의 규정에 의한 하자의 보수에 대한 보증으로 되어 있지 아니하고, 구 공동주택관리령 제16조와 그에 따른 시행규칙에서는 보증기간을 10년 내지 5년이라고만 규정하고 있을 뿐 그

범위를 주택이 무너졌거나 무너질 우려가 있는 경우로 한정하고 있지 않다. 그러므로 보증기간을 10년으로 하여 이루어진 공제조합의 의무하자보수보증의 보증대상은 결국 내력구조부에 발생한 모든 하자라고 봄이 상당하다.

[3] 사업주체가 공동주택의 사용검사권자에게 사용검사신청서를 제출하면서 주택사업공제조합으로부터 하자보수보증서를 발급받아 이를 예치한 경우, 그 하자보수보증서에 의하여 보증대상이 되는 하자의 보수책임기간도 사용검사일로부터 구 공동주택관리규칙(1999.12.7. 건설교통부령 219호로 개정되기 전의 것) 제11조 제1항 [별표 3]에 규정된 바와 같이 각 세부항목별로 그 규정하는 기간으로 한정된다고 보아야 한다. 설령 그 하자보수보증서에 구 공동주택관리규칙 [별표 3]에 정해진 하자보수책임기간에 관계없이 모든 하자에 대한 보증기간이 10년으로 기재되어 있다고 하더라도, 보증대상이 되는 하자는 구 공동주택관리규칙 [별표 3]에 정해진 하자보수책임기간을 도과하기 전에 발생한 것이어야 하고, 그 이후에 발생한 하자는 비록 그것이 하자보수보증서에 기재된 보증기간 내에 발생하였다 할지라도 그 보증대상이 되지 않는다고 보아야 한다. 왜냐하면 보증인인 주택사업공제조합의 채무범위가 주채무자인 사업주체의 채무범위를 넘을 수는 없기 때문이다.

대법원 2009.3.12. 선고 2008다15988 판결 【하자보수보증금】

이 사건 보증계약이 체결될 당시 시행·적용되던 구 주택건설촉진법 시행령(1997.12.31. 대통령령 15598호로 개정되기 전의 것) 제43조의5 제1항 제1호에서는 공제조합이 행할 수 있는 하자보수보증을 의무하자보수보증과 장기하자보수보증으로 구분하고, 나아가 가.목에서는 의무하자보수보증을 '공동주택관리령 제16조'의 규정에 의한 하자보수의무기간 중 발생한 하자의 보수에 대한 보증이라고 규정하고 있을 뿐, 구 주택건설촉진법(1999.2.8. 법률 제5908호로 개정되기 전의 것, 이하 같다) 제38조 제16항 및 그에 따른 구 공동주택관리령(1997.7.10. 대통령령 제15433호로 개정되기 전의 것) 제16조의2의 규정에 의한 하자의 보수에 대한 보증으로 되어 있지 아니하며, 구 공동주택관리령 제16조와 그에 따른 시행규칙(1999.12.7. 건설교통부령 제219호로 개정되기 전의 것) 제11조 제1항 [별표 3]의 비고란에서는 "위 표에도 불구하고 기둥·내력벽(힘을 받지 아니하는 조적벽 등을 제외한다)의 하자보수기간은 10년, 보·바닥·지붕의 하자보수기간은 5년으로 한다."라고만 규정하고 있을 뿐, 그 범위를 주택이 무너졌거나 무너질 우려가 있는 경우로 한정하고 있지 아니하므로, 보증기간을 10년으로 하여 이루어진 공제조합의 의무하자보수보증의 보증대상은 결국 내력구조부에 발생한 모든 하자라고 봄이 상당하고(대법원 2002.2.8. 선고 99다69662 판결 등 참조), 따라서 내력구조부에 발생한 하자에 대한 하자보수책임기간은 위와 같은 중대한 하자에 해당하는지 여부에 관계없이 하자의 발생 부위에 따라 5년 또는 10년이라고 보아야 함을 지적하여 둔다.

대법원 2009.6.23. 선고 2008다85598 판결 【하자보수보증금】

[1] 하자보수보증금채권의 소멸시효기간 및 기산일은 그 채권이 발생할 당시 시행·적용되던 법률에 따라 정해지는 것이고, 그 후 그 법률이 개폐되었다거나 적용 법률이 달라졌다 하여 개정 법률이나 신법 또는 새로 적용될 법률에 따라 그 기간이 정하여질 수 없음은 법률불소급의 원칙상 당연하다(대법원 1996.6.28. 선고 96다2453 판결). ~ 위 법리에 비추어 볼 때, 구 주택건설촉진법 제47조의12 제2항이 시행·적용되던 1999.2.28.까지 발생한 원고의 하자

보수보증금채권의 소멸시효기간은 위 규정에 따라 5년이고, 그 소멸시효의 기산일은 위 규정이 민법에 우선하여 적용되어 보증사고의 발생일과 관계없이 보증기간 만료일이다.

[2] 집합건물의 소유 및 관리에 관한 법률(이하 '집합건물법'이라고 한다) 제9조에 의한 하자담보추급권은 특별한 사정이 없는 한 집합건물 구분소유자에게 귀속하고(대법원 2003.2.11. 선고 2001다47733 판결 참조), 한편 구 주택건설촉진법, 구 공동주택관리령(1998.12.31. 대통령령 제16069호로 개정되기 전의 것, 이하 같다) 등의 관련 규정에 의하면 입주자대표회의에게 공동주택의 사업주체에 대한 공사의 내용과 하자의 종류에 따른 하자보수청구권을 부여하고 있으나, 이는 행정적인 차원에서 공동주택 하자보수의 절차·방법 및 기간 등을 정하고 하자보수보증금으로 신속하게 하자를 보수할 수 있도록 하는 기준을 정하는 데 그 취지가 있을 뿐이므로(대법원 2004.4.9. 선고 2003다7616 판결 참조), 입주자대표회의가 하자보수보증금에 갈음하여 예치된 주택사업공제조합 발행의 의무하자보수보증서에 기하여 하자보수청구권 또는 하자보수보증금채권을 행사함에 있어서는 집합건물법 제9조는 적용되지 않는다. 따라서 이 사건 아파트에 발생한 하자에 대한 하자보수청구권에 관하여 집합건물법 제9조에 의하여 10년의 제척기간이 적용되어야 한다는 상고이유 주장은 받아들일 수 없다.

[3] 구 주택건설촉진법 및 구 공동주택관리령의 규정에 의하여 구성한 공동주택의 입주자대표회의는 법인 아닌 사단으로 보아야 하므로 입주자대표회의가 사업주체에 대하여 갖는 하자보수청구권은 입주자대표회의 구성원들의 준총유에 속하는 재산권이다(대법원 2007.1.26. 선고 2002다73333 판결).

대법원 1998.1.23. 선고 97다38329 판결 【전부금】

건설회사가 지방자치단체와 체결한 공사도급계약에서 약정한 하자보수보증금은 위 도급계약상의 수급인의 하자보수책임의 이행을 간접적으로 강제하고 수급인이 동 책임을 이행하지 아니하는 경우에는 그에 대한 제재로서 동 금원을 지방자치단체의 소유로 귀속시키기로 하는 이른바 위약벌 내지 제재금에 해당하므로, 수급인의 하자보증금 반환채권은 하자담보책임기간 내에 하자가 발생하지 아니하거나 혹은 그 기간 내에 하자가 발생한 경우에도 수급인이 위 계약에 따른 하자보수의무를 이행하는 조건으로 하여 발생한다.

3 집합건물법상의 하자담보책임의 주체

Q

B는 A 아파트를 건설하여 분양하는 사업을 영위하기로 하고, 1993.12.3. K 건설사와 공사도급계약을 맺었고, K 건설사는 공사를 진행하여 1997.4.30. 완공, 1997.5.30.경 사용검사를 받아 그 무렵부터 A 아파트 입주가 시작되었습니다. 한편 B는 D 보증회사와 1997.5.19. A 아파트를 위하여 보증기간을 사용검사일로부터 2000.5.29.까지 및 2007.5.29.까지로 하는 하자보수보증계약을 체결하였습니다. 그런데 K 건설사는 A 아파트를 시공함에 있어 승인된 설계도면과 다른 변경시공, 미시공, 부실시공으로 인하여 A 아파트에 하자가 발생하였고, A 아파트 입주자대표회의는 B에게 하자책임을 추궁하였으나, B는 아파트 입주가 이루어진지 얼마 되지 않아 부도 처리되고 말았습니다. 이에 A 아파트 입주자대표회의는 K 건설사와 D 보증회사에 대하여 하자보수를 하다가, 마침내 2003.1.10.경 K 건설사와 D 보증회사를 상대로 소송을 제기하였고, 그 소송 중인 2006.4.4.경 구분소유자들로부터 하자보수에 갈음하는 손해배상청구권을 양도받았음을 이유로 손해배상금의 지급을 구하였습니다. 이 경우 K 건설사가 하자담보책임을 지는지요.

A

1. 보증인의 책임

먼저 이 사건에서 K 건설사의 미시공이나 변경시공으로 인하여 건물 자체에 균열 등의 위험성이 내재되어 있다고 하더라도, 그와 같은 균열 등이 실제로 나타나서 기능상, 미관상 또는 안전상 지장을 초래하는 하자가 사용검사 후 발생하고, 또 하자보수의무기간을 도과하기 전에 발생한 것이라는 점이 인정된다면, 보증회사 D는 A 아파트 입주자대표회의에게 보증채무의 범위에서 보증금을 지급할 의무가 인정될 것입니다.

2. 건축하여 '분양'한 자의 하자담보책임

(1) 다음으로, A 아파트 입주자대표회의는 K 건설사에 대하여 집합건물의소유및관리에관한법률(이하 집합건물법) 제9조의 하자담보책임을 물었는데, 이 사건 당시 집합건물법에서는 그 책임의 주체를 '건축물을 건축하여 분양한 자'라고 규정되어 있어, K 건설사는 B로부터의 공사도급을 받은 시공회사에 불과하여 집합건물법 제9조에 의한 하자담보책임을 지지 않게 됩니다(분양자에 해당하는 B는 이미 부도되어 있습니다).

(2) 다만 시공사인 K가 시행사인 B의 분양계약에도 참여하여 분양대상인 구분건물에 대하여 분양에 따른 소유권이전의무를 부담하는 분양계약의 일방당사자로 해석된다는 특별한

사정이 있는 경우에는, 단순한 시공사가 아닌 분양자로서 집합건물법상의 담보책임을 지게 될 것입니다.

(3) 한편, 집합건물법은 2012.12.18. 개정되어, 하자담보책임의 주체를 '건물을 건축하여 분양한 자(분양자 B)' 뿐만 아니라 '분양자와 계약에 따라 건물을 건축한 자(시공자 K)'까지 확대하였습니다.

3. 상사소멸시효

(1) 또한 '건설공사에 관한 도급계약이 상행위'에 해당하는 경우, 그 도급계약에 기한 수급인의 '하자담보책임은 5년의 상사소멸시효'에 걸리는 것이어서, A 아파트를 분양한 B와 그 건축을 맡은 시공사인 K 사이의 이 사건 도급계약에 기한 하자보수에 갈음한 손해배상청구권은 도급계약상의 하자보수기간이 만료된 때로부터 5년의 시효로 걸리게 될 것입니다.

(2) 다만, 이 사건에서 하자보수에 갈음하는 손해배상채권은 하자보수기간인 2000.5.30.(법정준공일인 1997.5.30.로부터 도급계약상의 3년의 하자보수기간이 경과한 일자)로부터 5년의 상사소멸시효기간이 진행되는데, A 아파트 입주자대표회의가 아파트 구분소유자들로부터 B에 대한 손해배상청구권을 양도받았음을 전제로 손해배상구권을 행사한 시점이 시효기간 5년을 경과한 2006.4.4.경이어서 결국 소멸시효가 완성되었다고 판단하였습니다(서울고법 2009.2.18. 선고 2004나58309 판결,

대법원 2011.12.8. 선고 2009다25111판결).

참조판례

대법원 2011.12.8. 선고 2009다25111 판결 【하자보수보증금등】

[1] 구 집합건물의 소유 및 관리에 관한 법률(2003.7.18. 법률 제6925호로 개정되기 전의 것, 이하 '구 집합건물법'이라 한다) 제9조는 집합건물 '분양자'의 하자담보책임에 관하여 규정하고 있을 뿐이므로, 집합건물의 시공자는 그가 분양계약에도 참여하여 분양대상인 구분건물에 대하여 분양에 따른 소유권이전의무를 부담하는 분양계약의 일방 당사자로 해석된다는 등 특별한 사정이 없는 한, 구 집합건물법 제9조에 의한 하자담보책임을 부담하는 것으로 볼 수 없다.
[2] 건설공사에 관한 도급계약이 상행위에 해당하는 경우 그 도급계약에 기한 수급인의 하자담보책임은 상법 제64조 본문에 의하여 원칙적으로 5년의 소멸시효에 걸리는 것으로 보아야 한다.
[3] 아파트 시공회사인 甲 건설회사와 분양회사인 乙 주식회사 사이의 건설공사 도급계약에 기한 하자보수에 갈음한 손해배상채권의 소멸시효가 문제된 사안에서, 乙 회사가 甲 회사에 갖는 위 채권은 상사채권으로서 5년의 상사시효에 걸린다고 본 원심판단을 수긍한 사례.

대법원 2013.11.28. 선고 2012다202383 판결 【구상금】

[1] 신축건물의 하자보수에 갈음한 손해배상청구권의 소멸시효기간은 그 권리를 행사할 수 있는 때라고 볼 수 있는, 그 건물에 하자가

발생한 시점부터 진행한다.

[2] 도급인이 그가 분양한 아파트의 하자와 관련하여 구분소유자들로부터 손해배상청구를 당하여 그 하자에 대한 손해배상금 및 이에 대한 지연손해금을 지급한 경우, 그 지연손해금은 도급인이 자신의 채무의 이행을 지체함에 따라 발생한 것에 불과하므로 특별한 사정이 없는 한 수급인의 도급계약상의 채무불이행과 상당인과관계가 있는 손해라고 볼 수는 없다. 이러한 경우 도급인으로서는 구분소유자들의 손해배상청구와 상관없이 수급인을 상대로 위 하자에 대한 손해배상금(원금)의 지급을 청구하여 그 이행지체에 따른 지연손해금을 청구할 수 있을 뿐이다.

대법원 2015.3.20. 선고 2012다107662 판결 【하자보수금등】

[1] 입주자대표회의가 구 주택법(2008.3.21. 법률 제8974호로 개정되기 전의 것) 및 구 주택법 시행령(2010.7.6. 대통령령 제22254호로 개정되기 전의 것)에 근거하여 하자보수보증회사에 대하여 가지는 하자보수보증금청구권과 도급인이 구 건설산업기본법(2011.5.24. 법률 제10719호로 개정되기 전의 것) 제28조 제1항 및 민법 제667조 등에 근거하여 수급인에 대하여 가지는 하자담보추급권은 인정근거와 권리관계의 당사자 및 책임내용 등이 서로 다른 별개의 권리이다.

따라서 입주자대표회의가 구분소유자들에게서 집합건물의 소유 및 관리에 관한 법률(이하 '집합건물법'이라 한다)에 의하여 인정되는 분양자에 대한 하자보수를 갈음한 손해배상청구권을 양수한 후 집합건물법상 분양자인 도급인을 대위하여 수급인인 시공회사에 대하여 하자담보책임으로서의 하자보수를 갈음한 손해배상을 청구함과 아울러 하자보수보증계약에 따른 보증채권자로서 직접 하자보수보증회사에 대하여 하자보수보증금을 청구하는 경우라도, 수급인의 도급인에 대한 하자보수를 갈음한 손해배상채무와 하자보수보증회사의 입주자대표회의에 대한 하자보수보증금지급채무가 부진정연대채무 관계에 있다고 볼 수 없다.

[2] 수급인의 도급인에 대한 하자보수를 갈음한 손해배상채무와 하자보수보증회사의 입주자대표회의에 대한 하자보수보증금지급채무는 그 대상인 하자가 일부 겹칠 수 있고 그렇게 겹치는 범위 내에서는 결과적으로 동일한 하자의 보수를 위하여 존재하고 있으므로, 향후 입주자대표회의가 도급인을 대위한 하자보수를 갈음한 손해배상청구소송 및 하자보수보증회사에 대한 하자보수보증금청구소송에서 모두 승소판결을 받은 다음, 입주자대표회의가 그 중 어느 한 권리를 행사하여 하자에 관한 보수비용 상당 금원을 현실적으로 수령하여 금원이 지급된 하자와 관련된 범위 내에서 하자보수의 목적을 달성하게 되면 다른 권리가 소멸된다고 할 수 있으나, 도급인의 수급인에 대한 하자보수를 갈음한 손해배상채권이 수급인의 도급인에 대한 채권으로 상계된 경우에 그 사정만으로는 입주자대표회의가 구 주택법령에 근거하여 가지는 하자보수에 관한 권리의 목적이 달성되었다고 볼 수 없으므로 입주자대표회의가 하자보수보증회사에 대하여 가지는 하자보수보증금청구권에는 아무런 영향이 없다.

4 집합건물의 하자에 대한 책임 및 책임기간

Q

집합건물에서의 하자에 대한 책임 및 하자담보책임 기간은 어떻게 되는지요.

A

1. 집합건물과 공동주택

'집합건물'은 건물구조상 일부분이 벽, 문, 층에 의하여 다른 부분과 차단되어 구조상, 이용상 완전한 독립성을 갖는 건물을 말하고, 이러한 독립부분을 목적으로 하는 소유권을 구분소유권이라고 합니다.

한편 '공동주택'은 건축법 제2조의 용도에 따른 개념으로서 ① 아파트 (주택부분이 5개층 이상), ② 연립주택(주택의 연면적이 660 m^2 초과하고 주택부분이 4개층 이하), ③ 다세대 주택(주택의 연면적이 660 m^2 이하이고 주택부분이 4개층 이하),

④ 기숙사 등으로 구분됩니다(건축법 시행령 [별표1] 참조).

그리고 집합건물은 공동주택뿐만 아니라 업무시설이나 근린생활시설 등의 용도로도 사용되므로 공동주택을 포함하는 개념입니다.

2. 개별 '하자'에 대하여, '약정 > 관계법령 > 민법' 순으로 적용

집합건물의 하자에 관하여 적용되는 법률은 주택법, 건설산업기본법, 민법, 집합건물의소유및관리에관한법률(이하 집합건물법) 등 다양하여 다소 혼란스럽습니다만, 사적자치의 원칙상 개별 계약상의 하자담보책임에 관한 '약정'이 가장 우선적으로 적용되고, 다음으로 '관계법령의 특별규정'이 적용되며, '민법'은 특별법령 등이 규정하지 아니한 경우에 보충적으로 적용됩니다.

3. 공동주택에서의 하자 담보 책임기간

종래 집합건물법상 하자담보 책임과 주택법상 하자담보 책임의 관계에 관하여 다툼이 많았고, 대법원도 규율의 목적과 권리행사 주체가 다른 별개의 책임이라고 정리함으로써(대법원 2001.1.27. 선고 2001다24891 판결), 공동주택의 하자담보 책임기간이 내력구조별 및 시설공사별 내구수명 등을 감안하여 정하여져야 함에도, 집합건물에서 일률적으로 10년이 되는 문제가 발생하였습니다.

이에 주택법 제46조 제1항, 제3항, 부칙 제3조 및 집합건물법 제6조 단서 등을 개정함으로써 공동주택의 분양자와 수분양자 사이에 적용되는 집합건물법상 하자담보책임 기간을 배제하고, 사업주체는 주택법시행령이 정하는 기간 내에 발생하는 하자에 대한 책임을 부담하도록 하였습니다.

결국, 공동주택에 있어서는 주택법 제46조가 집합건물법에 우선하여 적용되게 된 것입니다.

4. 공동주택에 적용되는 주택법상 하자담보책임기간

민법에 의하면 석조, 석회조, 연와조, 금속 기타 이와 유사한 재료로 조성한 때에는 수급인의 담보책임기간이 10년으로 되어 있으나(민법 제671조), 앞서 언급한 바와 같이 아파트와 같은 공동주택에 있어서는 주택법이 적용되므로, 공동주택의 내력구조부의 중대한 하자가 발생한 때에는 사용검사일로부터 10년의 범위 내에서 이를 보수하고, 그로 인한 손해를 배상할 책임이 있게 되는 바, 그 책임기간은 '기둥·내력벽(힘을 받지 않은 조적벽 등은 제외)은 10년, 보·바닥 및 지붕은 5년(주택법 시행령 제59조 제1항, [별표 7]), 대지조성공사, 2년, 옥외급수·위생관련 공사 2년, 철골공사 3년 내지 2년, 마감공사 1년 내지 2년' 등입니다(같은 시행령 [별표 6] 참조).

참조판례

대법원 2014.10.15. 선고 2012다93619 판결 【손해배상(기)】

구 주택법(2009.2.3. 법률 제9405호로 개정되기 전의 것, 이하 같다) 제46조 제1항, 제3항, 제4항, 구 주택법 시행령(2007.3.16. 대통령령 제19935호로 개정되기 전의 것, 이하 같다) 제59조 제1항 [별표 6], [별표 7], 제62조 제3항, 제106조 제1항 제2호의 내용 및 체계와 아울러, 구 주택법 제46조 제1항 및 제3항, 구 주택법 시행령 제59조 제1항 및 [별표 7]은 내력구조부에 발생한 중대한 하자에 대하여는 그 위험성과 주요성에 비추어 특히 가중책임을 지게 하려는 것이지, 내력구조부에 대해서는 공동주택이 무너지거나 무너질 우려가 있는 경우와 같은 중대한 하자에 대해서만 보수책임을 부담하는 것으로 제한하려는 취지는 아니라고 보이는 점, 내력구조부에 발생한 중대한 하자가 아닌 하자의 경우 구 주택법 제46조 제1항, 구 주택법 시행령 제59조 제1항 및 [별표 6]에 따라 사업주체가 보수책임을 부담하는 하자에 해당하나, 하자보수기간에 관한 명시적인 규정은 없는 점, 한편 구 주택법 시행령 [별표 6]에서 정하고 있는 하자담보책임기간 1년, 2년, 3년에 해당하는 하자는 공사의 종류별로 분류하고 있는 데 반해 내력구조부의 하자는 하자의 발생부위를 기초로 분류하고 있어서 그 분류기준이 달라 내력구조부에 발생한 중대한 하자가 아닌 하자에 대해 [별표 6]에서 정하고 있는 시설공사별 하자담보책임기간을 곧바로 적용하기는 어려운 점, 건설산업 전반에 관한 기본법인 건설산업기본법령은 공동주택을 포함한 대형공공성 건축물의 기둥 및 내력벽의 책임기간을 10년으로, 기둥 및 내력벽 이외의 구조상 주요 부분의 책임기간을 5년으로 규정하면서 기둥 및 내력벽 등이 무너지거나 무너질 우려가 있다고 판정되어야 한다는 요건을 별도로 요구하고 있지 아니한데(건설산업기본법 제28조 제1

항, 건설산업기본법 시행령 제30조 및 [별표 4] 참조), 아파트와 같은 공동주택의 경우 일반 집합건물보다 보호의 필요성이 크다고 할 것인데도 내력구조부에 발생한 중대한 하자에 대해서만 하자보수기간을 5년 또는 10년으로 본다면 오히려 일반 집합건물보다 보호를 하지 않는 결과가 되어 국민의 주거생활에 큰 위험을 초래할 수 있는 점, 쾌적한 주거생활에 필요한 주택의 건설·공급·관리와 이를 위한 자금의 조달·운용 등에 관한 사항을 정함으로써 국민의 주거안정과 주거수준의 향상에 이바지함을 목적으로 하는 주택법의 입법 취지 등을 종합하여 보면, 공동주택의 내력구조부에 발생한 중대한 하자가 아닌 하자의 하자보수기간 역시 10년(기둥, 내력벽) 또는 5년(보, 바닥, 지붕)으로 봄이 타당하다.

대법원 2012.5.10. 선고 2011다66610 판결 【손해배상(기)】

[1] 구 집합건물의 소유 및 관리에 관한 법률(2005.5.26. 법률 제7502호로 개정되기 전의 것, 이하 '구 집합건물법'이라 한다) 제9조 제1항은, 집합건물을 건축하여 분양한 자에게 견고한 건물을 짓도록 유도하고 부실하게 건축된 집합건물의 소유자를 두텁게 보호하기 위하여, 민법상 수급인의 담보책임에 관한 규정을 준용하도록 함으로써 담보책임의 내용을 명확히 하는 한편 이를 강행규정화한 것인데, 집합건물을 건축하여 바로 분양한 경우뿐 아니라 집합건물인 임대아파트를 건축하여 임대하였다가 분양전환을 한 경우에도 집합건물의 소유자를 보호할 필요성이 있음은 마찬가지다. 그리고 위 규정에 의한 하자담보추급권은 현재의 집합건물 소유자에게 귀속되고, 임대아파트의 분양전환가격을 결정할 때에 아파트의 노후 정도가 평가되었다고 하더라도 부실시공으로 인한 아파트의 하자까지 모두 반영되어 가격이 결정되었다고 단정할 수는 없으며, 분양전환

되기 전의 임차기간 동안 입주자들이 임대차계약에 기해 하자보수를 요구할 수 있다고는 하지만 임차인의 지위에서 인정되는 하자보수청구권과 분양을 받은 소유자의 지위에서 인정되는 하자담보추급권은 법적 성질 및 기능이 동일하다고 보기는 어렵다. 따라서 이러한 여러 사정 등을 함께 종합하여 보면, 2005.5.26. 전에 사용검사 또는 사용승인을 받은 후 임대에서 분양으로 전환된 임대아파트의 경우에도 구 집합건물법 제9조 제1항 및 이에 의하여 준용되는 민법 제671조 제1항 단서가 적용된다고 보아야 한다.

[2] 구 집합건물의 소유 및 관리에 관한 법률(2005.5.26. 법률 제7502호로 개정되기 전의 것, 이하 '구 집합건물법'이라 한다) 제9조가 준용하는 민법 제671조 제1항 단서는 하자의 종류나 하자의 발생시점을 고려하지 않고 일률적으로 하자담보책임의 제척기간을 '인도' 후 10년으로 정하고 있는데, 구 집합건물법 제9조와 민법 제667조 내지 제671조의 각 규정 내용에 비추어 위 '인도'는 인도의 원인관계를 불문하고 '건축 후 최초 인도'를 의미한다고 해석함이 타당하므로, 임대 후 분양전환된 집합건물의 경우에도 분양전환 시점이 아닌 임대에 의하여 집합건물을 인도받은 시점부터 하자담보책임의 제척기간이 진행한다고 할 것이다.

대법원 2012.4.13. 선고 2011다72301,72318 판결
【하자보수금·손해배상(기)】

분양전환된 임대아파트의 경우에도 구 집합건물법 제9조 제1항 및 그에 의하여 준용되는 민법 제667조 내지 제671조가 적용되고 하자담보책임기간은 민법 제671조 제1항 단서에 의하여 최초 임차인들에게 인도된 때부터 10년간이라고 보아야 한다.

대법원 2012.4.12. 선고 2010다65399 판결 【손해배상(기)】

구 집합건물의 소유 및 관리에 관한 법률(2003.7.18. 법률 제6925호로 개정되기 전의 것, 이하 '구 집합건물법'이라 한다) 제9조에 의하여 준용되는 민법 제667조 내지 제671조에 규정된 하자담보책임기간은 재판상 또는 재판 외의 권리행사기간인 제척기간이므로 그 기간의 도과로 하자담보추급권은 당연히 소멸한다.

CHAPTER

9

건설공동수급체

1 공동수급체 일부 구성원이 체결한 계약의 효력

Q

공동수급체의 구성원 중 일부 구성원인 A 건설사가 공사 시행을 위하여 공동수급체 명의를 사용하지 않고, A 건설사 단독명의로 하도급계약이나 자재구매계약을 체결한 이후, A 건설사가 부도난 경우에 다른 공동수급체의 구성원 건설업체가 책임을 져야 하는지요.

A

1. 공동수급체 일부 구성원의 부도

외부적으로는 '공동이행방식'이라고 하면서도 내부적으로 대표자나 일부 구성원의 단독 시공인 경우가 보편적인 실제 상황이기 때문에 실무상 많은 분쟁이 벌어지고 있습니다. 특히 A가 공사 진행 중 부도처리 되는 경우, A와 하도급계약이나 자재구매계약을 체결한 '제3자와 공동수급체의 다른 구성원과 사이에 최종적인 책임문제'로 귀결될 것입니다.

2. 공동수급체 나머지 구성원의 책임 여부

⑴ 이에 대해 ① 종래에 공동이행방식표준협정서 제6조 제2항 '공동수급체의 구성원은 하도급자 및 납품업자에 대하여 공동연대로 책임을 진다'라는 규정에 근거하여 공동수급체의 다른 구성원도 제3자에 대한 책임을 부담한다는 판결이 있었고(대법원 2000.9.26. 선고 2000다5563 판결), ② 공동수급체의 법적 성격이 조합이므로 구성원이 체결한 계약은 공동수급체의 대표자가 행한 것으로 나머지 구성원에게도 효력이 미친다는 판결도 있었고(서울지방법원 2000.11.28. 선고 2000가합67789 판결 등), ③ 공동수급협정서의 조항을 근거로 공동수급체 구성원 전체의 연대책임을 인정하는 판결도 있었습니다(서울지방법원 1999.6.25. 선고 99나17080 판결 등). ④ 반면에 공동수급협정서만으로는 연대책임을 인정할 수 없다는 판결도 있습니다(창원지방법원 진주지원 2000.12.15. 선고 99가합1621 판결).

⑵ 정리하자면, 공동수급체에서는 그 대표자를 선정하도록 되어 있고, 대표자가 공동수급체의 업무를 처리할 권한이 있으므로, '대표자가 아닌 구성원 A의 하도급계약이나 자재구매계약의 효력은 공동수급체의 다른 구성원에 미치지 않는다'고 보아야 합니다. 다만, 구체적 경위에 비추어 대표권 없는 구성원 A의 하도급계약이나 자재구매계약에 대하여 '묵시적 대리권 수여' 사실이 인정되거나, 공동수급체를 위하여 이루어진 것으로 믿을 만한 사정이 있는 경우에는 '표현대리가 성립'할 수 있을 것입니다.

3. 공동수급체의 '대표자'로서의 행위인지 판단

⑴ 실무상 공동수급체의 구성원 A가 공동수급체의 '대표자' 자격에서 계약을 체결하였는지, 아니면 '개인' 건설업체의 자격에서 계약을 체결하였는지 판단하는 것은 쉽지 않은 일이므로, ① 하도급공사가 공동이행공사에 기여하는 정도와 다른 구성원 건설업체의 긴밀성, 다른 구성원 건설업체 소속직원들이 하도급 공사에 대한 관리·감독여부, ② 주문서, 견적서, 계산서, 영수증 등 관련 서류의 명의자에 공동수급체가 포함되었는지 여부, ③ 공사대금의 지급자와 어음, 수표의 발행 명의인, 세금계산서 등 공사대금의 부담에 공동수급체가 직접적인 관련이 있는지 여부, ④ 하수급인과 공동수급체의 대표자와 관계의 긴밀성 정도 등을 종합하여, 하도급계약이나 자재구매계약에 대하여 A가 공동수급체의 대표자 지위에서 체결한 것인지 여부를 판단하여야 할 것입니다.[4)]

⑵ 즉, A가 공동수급체 대표자의 지위에서 체결한 것이라면 공동수급체의 다른 구성원도 제3자에 대하여 책임을 져야 할 것이고, 개인 건설업체의 지위에서 체결한 것이라면 공동수급체의 다른 구성원은 책임이 없다고 해야 할 것입니다.

4) 이범상, 건설관련소송(개정판), 2008. 법률문화원, pp406~407 참조.

참조판례

대법원 1998.10.2. 선고 98다33888 판결 【공사대금】

공동수급인이 '분담이행방식'에 의한 계약을 체결한 경우에는 공사의 성질상 어느 구성원의 분담 부분 공사가 지체됨으로써 타 구성원의 분담 부분 공사도 지체될 수밖에 없는 경우라도, 특별한 사정이 없는 한, 공사 지체를 직접 야기한 구성원만 분담 부분에 한하여 지체상금의 납부의무를 부담한다.

대법원 2010.8.19. 선고 2010다36599 판결 【보험금지급】

[1] 건설공제조합이 하는 하도급대금지급보증계약의 법적 성질 및 그 계약의 당사자 ~ 피고가 하는 하도급대금지급보증은 피고의 조합원이 하도급계약을 체결하는 경우 하수급인에게 부담하는 하도급대금지급채무를 보증하는 이른바 제3자(하수급인)를 위한 계약이므로 그 계약의 당사자는 피고와 그 조합원이라 할 것이다.

[2] 甲 주식회사와 乙 주식회사가 공동수급체를 구성하여 도급받은 공사의 일부를 丙 주식회사에 하도급을 주고, 위 공동수급체의 대표자인 甲 주식회사가 건설공제조합과 하도급대금지급보증계약을 체결한 사안에서, 위 보증계약에 기한 보증사고가 발생하였는지 여부는 공동수급체의 구성원으로서 하도급대금의 연대채무자인 甲 주식회사와 乙 주식회사 전부를 기준으로 판단하여야 하므로, 甲 주식회사가 지급불능 상태에 빠졌다는 사유만으로 보증사고가 발생한 것으로 볼 수 없다고 한 원심의 판단을 수긍한 사례

대법원 2004.11.26. 선고 2002다68362 판결 【보증채무금】

[1] 공동수급체의 구성원이 발주자에 대한 계약상의 의무이행에 대

하여 연대하여 책임을 진다고 규정되어 있다고 하더라도, 도급계약의 내용에 선급금 반환채무 등에 관한 다른 구성원의 의무에 관하여는 명시적인 규정이 없고, 선급금에 관하여는 별도의 규정을 두어 그 반환채무의 담보 방법으로 수급인이 제출하여야 할 문서로서 보험사업자의 보증보험증권이나 건설공제조합의 지급보증서 등 그 담보력이 충분한 것으로 제한하고 있다면, 공동수급체의 각 구성원의 연대책임의 범위는 선급금 반환채무에까지는 미치지 아니한다고 봄이 상당하므로, 공동수급체의 구성원으로서는 특별한 사정이 없는 한 다른 구성원의 선급금 반환채무에 관하여는 책임을 부담하지 않는다.

[2] 도급인과 사이에 도급계약을 체결하면서 선급금을 수령한 수급인이 어느 보증인과 사이에 그 선급금 반환채무의 보증에 관한 보증계약을 체결하고 이와 별도로 다른 보험자와 사이에 그 선급금 반환채무에 관한 보증보험계약을 체결하였다고 하여 특별한 약정이 없는 한 그러한 사정만으로 보증인이 보증채권자에게 지급하여야 할 보증금이 다른 보험자의 보험계약상의 보험금 지급의무에 의하여 제한되는 것은 아니다.

2 공동이행방식의 공동수급체 개별 구성원의 공사대금채권

Q

A, B, C, D 건설사는 각자 지분을 출자하여 공동이행방식의 공동수급체를 결성하여, E가 발주하는 '한강수계 하수관거 정비공사'에 대하여 2006.11.29. 공단과 총 공사금액 715억원, 공사기간 2006.12.5.부터 2010.10.4.까지로 하는 공사도급계약을 체결하였습니다. E는 선급금을 공동수급체의 대표인 A 건설사에게 지급하였고, A 건설사가 공동수급체 구성원별로 구분된 각 회차별 기성대금을 E에게 청구하면, 그에 대한 기성검사를 마친 금액에서 해당 회차의 선급금을 공제한 금액을 구성원 각자의 계좌로 송금하였습니다. 그런데 공사 도중 D 건설사의 채권자 F가 2008.2.과 7.경 D 건설사의 E에 대한 공사대금채권을 압류하여, 그 무렵 압류추심통지가 E에게 송달되자, E는 압류상당액 만큼의 공사대금의 지급을 보류하였습니다. 한편, D 건설사는 자금압박으로 인해 발주자와 공동수급체 구성원 전원의 동의를 얻어 공동수급체에서 탈퇴하였는데, D 건설사에 대하여 구상채권을 가지고 있던 A 건설사는 E로부터 E가 채권압류를 이유로 지급 보류한 D 건설사의 공사대금의 지급받을 수 있는지요.

A

1. 원칙적으로 민법상 '조합'으로서 '합유적' 귀속

(1) 통상적으로 수개의 건설사가 공동이행방식으로 공동수급체를 구성하는 경우, 그 '공동수급체'는 그 목적, 출자비율에 따른 손익분담, 시공 및 하자보수에 대한 연대책임, 가입과 탈퇴의 제한 및 탈퇴자 지분이 잔존구성원에게 분할가산 되는 점들에 비추어 볼 때, 그 법률상 성격이 민법상 '조합'에 해당합니다.

(2) 이렇게 공동수급체를 민법상 '조합'으로 보는 경우, 공사대금채권은 공동수급체의 개별 구성원이 아닌 구성원 전원에게 '합유적'으로 귀속하여, 구성원 중의 하나인 D의 채권자인 F가 행한 채권압류는 D가 아닌 제3자(즉 공동수급체)에 대한 채권압류로서 무효이므로, E는 지급 보류된 공사대금을 지급하여야 합니다(이 사건 하급심 견해, 서울고법 2009나49799 판결).

2. 예외적으로 '지분율'에 따른 귀속

(1) 그런데, 대법원은 이 사건에서 공동수급체의 성격이 민법상 조합이므로, 도급인에 대하여 가지는 채권이 구성원 전원에게 합유적으로 귀속한다고 하면서도, ① 공동수급체 구성원들 간에 공동수급체가 아닌 개별 구성원으로 하여금 지분비율

에 따라 직접 도급인에 대한 권리를 취득하게 하는 약정이 가능하고, ② 공동수급체 구성원들이 기성금이나 준공대가를 구성원별로 직접 지급받기로 약정(공동수급협정)하여 입찰참가 신청서와 함께 제출하고, ③ 도급인도 이러한 공동수급협정서에 대하여 별다른 이의를 유보하지 않은 채 공동도급계약을 체결하였다면, '공동수급체와 도급인 사이 개별구성원으로 하여금 공사대금채권에 관하여 출자지분 비율에 따라 직접 도급인에 대한 권리를 직접 취득하게 하는 묵시적인 약정이 이루어졌다'고 보는 것이 타당하다고 보았습니다(대법원 2012.5. 17. 선고 2009다105406 판결).

⑵ 결국 이러한 대법원의 견해에 따라서, D의 채권자 F에 의한 D의 공사대금채권압류는 유효하고, E의 압류상당액 만큼의 공사대금에 대한 지급보류 역시 정당하므로, A가 E에 대하여 구하는 D의 공사대금부분에 대한 지급청구는 받아들여지지 않을 것입니다.

참조판례

대법원 2012.5.17. 선고 2009다105406 전원합의체 판결 【공사대금】

[1] 공동이행방식의 공동수급체는 기본적으로 민법상 조합의 성질을 가지는 것이므로, 공동수급체가 공사를 시행함으로 인하여 도급인에 대하여 가지는 채권은 원칙적으로 공동수급체 구성원에게 합유적으로 귀속하는 것이어서 특별한 사정이 없는 한 구성원 중 1인

이 임의로 도급인에 대하여 출자지분 비율에 따른 급부를 청구할 수 없고, 구성원 중 1인에 대한 채권으로써 그 구성원 개인을 집행채무자로 하여 공동수급체의 도급인에 대한 채권에 대하여 강제집행을 할 수 없다. 그러나 공동이행방식의 공동수급체와 도급인이 공사도급계약에서 발생한 채권과 관련하여 공동수급체가 아닌 개별 구성원으로 하여금 지분비율에 따라 직접 도급인에 대하여 권리를 취득하게 하는 약정을 하는 경우와 같이 공사도급계약의 내용에 따라서는 공사도급계약과 관련하여 도급인에 대하여 가지는 채권이 공동수급체 구성원 각자에게 지분비율에 따라 구분하여 귀속될 수도 있고, 위와 같은 약정은 명시적으로는 물론 묵시적으로도 이루어질 수 있다.

[2] 공동이행방식의 공동수급체 구성원들이 기성대가 또는 준공대가를 공동수급체 구성원별로 직접 지급받기로 하는 공동수급협정은 특별한 사정이 없는 한 도급인에 대한 관계에서 공사대금채권을 공동수급체 구성원 각자가 출자지분 비율에 따라 구분하여 취득하기로 하는 구성원 상호 간의 합의라고 보는 것이 타당하고, 나아가 공동수급체 대표자가 1996.1.8. 개정된 공동도급계약운용요령 제11조에 따라 공동수급체 구성원 각자에게 공사대금채권을 지급할 것을 예정하고 있는 도급인에게 위와 같은 공사대금채권의 구분 귀속에 관한 공동수급체 구성원들의 합의가 담긴 공동수급협정서를 입찰참가 신청서류와 함께 제출하고 도급인이 별다른 이의를 유보하지 않은 채 이를 수령한 다음 공동도급계약을 체결하게 되면 공동수급체와 도급인 사이에서 공동수급체의 개별 구성원으로 하여금 공사대금채권에 관하여 출자지분 비율에 따라 직접 도급인에 대하여 권리를 취득하게 하는 묵시적인 약정이 이루어졌다고 보는 것이 타당하다. 이는 공동도급계약운용요령과 공동수급협정서에서 공동이행방식의 공동수급체 대표자가 부도 등 부득이한 사유로 신청서

를 제출할 수 없는 경우 공동수급체의 다른 모든 구성원의 연명으로 이를 제출하게 할 수 있다고 규정하고 있거나, 공동수급체 구성원들의 각 출자비율과 실제 시공비율이 일치하지 않더라도 달리 볼 것이 아니다.

대법원 2013.2.28. 선고 2012다107532 판결 【제3자이의】

공동이행방식의 공동수급체와 도급인 사이의 공사도급계약에서 공동수급체의 개별 구성원으로 하여금 공사대금채권에 관하여 지분비율에 따라 직접 도급인에 대하여 권리를 취득하게 하는 약정이 이루어진 경우, 공사도급계약 자체에서 개별 구성원의 실제 공사 수행 여부나 정도를 지분비율에 의한 공사대금채권 취득의 조건으로 약정하거나, 일부 구성원의 공사 미이행을 이유로 공동수급체로부터 탈퇴·제명하도록 하여 그 구성원으로서의 자격이 아예 상실되는 것으로 약정하는 등의 특별한 사정이 없는 한, 개별 구성원들은 실제 공사를 누가 어느 정도 수행하였는지에 상관없이 도급인에 대한 관계에서 공사대금채권 중 각자의 지분비율에 해당하는 부분을 취득하고, 공사도급계약의 이행에 있어서의 실질적 기여비율에 따른 공사대금의 최종적 귀속 여부는 도급인과는 무관한 공동수급체 구성원들 내부의 정산문제일 뿐이라고 할 것이다. 따라서 공동이행방식의 공동수급체와 도급인 사이에서 공동수급체의 개별 구성원으로 하여금 공사대금채권에 관하여 지분비율에 따라 직접 도급인에 대하여 권리를 취득하게 하는 약정이 이루어진 경우에 있어서는 일부 구성원만이 실제로 공사를 수행하거나 일부 구성원이 그 공사대금채권에 관한 자신의 지분비율을 넘어서 수행하였다고 하더라도 이를 이유로 도급인에 대한 공사대금채권 자체가 그 실제의 공사비율에 따라 그에게 귀속한다고 할 수는 없다.

대법원 2013.3.28. 선고 2011다97898 판결 【공사대금】

공동이행방식의 공동수급체는 기본적으로 민법상의 조합의 성질을 가지고, 조합채무가 특히 조합원 전원을 위하여 상행위가 되는 행위로 부담하게 되었다면 상법 제57조 제1항에 따라 조합원들이 연대책임을 부담하는 것이 원칙이겠으나, 공동수급체가 하도급계약을 체결할 때 공동수급체가 아닌 개별 구성원으로 하여금 그 지분비율에 따라 직접 하수급인에 대하여 채무를 부담하게 하는 약정을 한 경우와 같이 하도급계약의 내용에 따라서는 공동수급체의 개별 구성원이 하수급인에게 부담하는 채무가 공동수급체의 구성원 각자에게 그 지분비율에 따라 구분하여 귀속될 수도 있다.

대법원 2015.3.26. 선고 2012다25432 판결 【보험금】

[1] 공동이행방식의 공동수급체는 민법상 조합의 성질을 가지는데, 조합의 채무는 조합원의 채무로서 특별한 사정이 없는 한 조합채권자는 각 조합원에 대하여 지분의 비율에 따라 또는 균일적으로 권리를 행사할 수 있지만, 조합채무가 조합원 전원을 위하여 상행위가 되는 행위로 인하여 부담하게 된 것이라면 상법 제57조 제1항을 적용하여 조합원들의 연대책임을 인정함이 상당하므로, 공동수급체의 구성원들이 상인인 경우 공사도급계약에 따라 도급인에게 하자보수를 이행할 의무는 구성원 전원의 상행위에 의하여 부담한 채무로서 공동수급체의 구성원들은 연대하여 도급인에게 하자보수를 이행할 의무가 있다.

[2] 공동수급체 구성원이 개별적으로 출자비율에 따른 하자보수보증보험계약을 체결한 경우 피보험자인 도급인으로부터 하자보수를 요구받은 보험계약자가 이행기간 내에 의무를 이행하지 아니하면 그때 보험사고와 이에 근거한 재산상 손해가 발생하여 보험자는

피보험자인 도급인에 대하여 보험금지급의무를 부담한다. 그리고 이러한 상태에서 연대채무를 부담하는 다른 공동수급체 구성원의 면책행위에 의하여 보험계약자의 주계약상 채무가 소멸한 경우, 면책행위를 한 다른 공동수급체 구성원은 민법 제425조 제1항에 따라 자신과 연대하여 하자보수의무를 부담하는 보험계약자의 부담부분에 대하여 구상권을 행사할 수 있다. 보증보험은 형식적으로는 보험계약자의 채무불이행을 보험사고로 하는 보험계약이지만 실질적으로는 보증의 성격을 가지고 보증계약과 같은 효과를 목적으로 하는 것이므로 민법의 보증에 관한 규정이 준용될 뿐만 아니라, 구상권의 범위 내에서 법률상 당연히 변제자에게 이전되는 채권자의 담보에 관한 권리에는 질권, 저당권이나 보증인에 대한 권리 등과 같이 전형적인 물적·인적 담보는 물론, 채권자와 채무자 사이에 채무의 이행을 확보하기 위한 특약이 있는 경우에 그 특약에 기하여 채권자가 가지는 권리도 포함되므로, 면책행위를 한 다른 공동수급체 구성원은 하자보수를 요구받은 보험계약자에게 구상권을 행사할 수 있는 범위에서 민법 제481조에 따라 채권자인 도급인의 담보에 관한 권리인 하자보수보증보험계약에 따른 보험금청구권을 대위행사할 수 있다.

[3] 보험금청구권의 소멸시효 기산점은 특별한 사정이 없는 한 보험사고가 발생한 때이고, 하자보수보증보험계약의 보험사고는 보험계약자가 하자담보 책임기간 내에 발생한 하자에 대한 보수 또는 보완청구를 받고도 이를 이행하지 아니한 것을 의미하므로, 이 경우 보험금청구권의 소멸시효는 늦어도 보험기간의 종기부터 진행한다.

CHAPTER 10

하도급

1 하도급공사대금의 지급기일 약정

Q

A 건설사는 B 건설사로부터 주택신축공사를 발주 받아 진행하던 중, 2008.5.1.경 C 건설사에게 위 신축공사 중 석공사를 하도급 주었고, 이에 대해 D 회사가 A 건설사의 하도급대금에 대한 지급보증을 하였습니다. 한편 하도급공사대금의 지급에 관하여 A 건설사와 C 건설사는 '기성부분금은 목적물 수령일로부터 60일 이내 및 월 1회 어음으로 지급하되, 하도급계약 특수조건(공사대금으로 발행되는 어음은 세금계산서 및 계산서 발행일로부터 30일 이내 원고에게 지급하고, 어음의 만기일은 세금계산서 발행일 익월 말 기준 120일 어음으로 한다)에 따른다.' 고 약정하였는데, 그 하도급대금의 지급기일이 목적물의 수령일인지요, 아니면 어음지급에 관한 특수조건을 지급기일에 관한 약정으로 보아야 하는지요.

A

1. 법률규정

(1) 민법은 도급인의 보수지급시기에 관하여 '보수는 그 완

성된 목적물의 인도와 동시에 지급하여야 한다. 그러나 목적물의 인도를 요하지 아니하는 경우에는 그 일을 완성한 후 지체없이 지급하여 한다.'고 규정하면서(민법 제665조 제1항), 구체적으로는 '수급인의 도급인에 대한 보수는 약정한 시기에 지급하여야 하되, 시기의 약정이 없으면 관습에 의하고, 관습이 없으면, 약정한 노무를 종료한 후 지체 없이 지급하여야 한다.'고 규정하고 있습니다(민법 제665조 제2항, 제656조 제2항).

(2) 또한 하도급거래공정화에관한법률은 '원사업자가 수급사업자에게 제조 등의 위탁을 하는 경우에는 목적물 등의 수령일 – 건설위탁의 경우에는 인수일을, 용역위탁의 경우에는 수급사업자가 위탁받은 용역의 수행을 마친 날을, 납품 등이 잦아 원사업자와 수급사업자가 월 1회 이상 세금계산서의 발행일을 정한 경우에는 그 정한 날 – 부터 60일 이내의 가능한 짧은 기한으로 정한 지급기일까지 하도급대금을 지급하여야 한다. 다만, 다음 각 호의 어느 하나에 해당하는 경우에는 그러하지 아니하다. 1. 원사업자와 수급사업자가 대등한 지위에서 지급기일을 정한 것으로 인정되는 경우, 2. 해당 업종의 특수성과 경제여건에 비추어 그 지급기일이 정당한 것으로 인정되는 경우'라고 규정하고(제13조 제1항 참조), 또한 '하도급대금의 지급기일이 정하여져 있지 아니한 경우에는 목적물 등의 수령일을 하도급대금의 지급기일로 보고, 목적물 등의 수령일부터 60일이 지난 후에 하도급대금의 지급기일을 정한 경우(제1항 단서에 해당되는 경우는 제외)에는 목적물 등의 수령일

부터 60일이 되는 날을 하도급대금의 지급기일로 본다.'고 규정하고 있습니다(제13조 제2항 참조).

(3) 그러므로 하도급공사계약에서 당사자 사이에 하도급공사대금의 '지급기일에 관한 약정'이 있는 경우에는 그 약정에 따라 지급기일을 정하여야 하고, 목적물의 수령일을 지급기일로 정할 것은 아니라고 할 것입니다.

2. 하도급대금 지급기일에 관한 약정

(1) 이 사건에서 A와 C는 하도급계약특수조건에서 '공사대금으로 발행되는 어음은 세금계산서 및 계산서 발행일로부터 30일 이내 C에게 지급하고, 어음의 만기일은 세금계산서 발행일 익월 말 기준 120일 어음으로 한다'고 규정하였는바, 대법원은 이러한 '특수조건'이 하도급대금의 지급기일에 관한 '약정'에 해당한다고 판단하여, 이를 기준으로 지급기일로 삼아야 한다고 판시하였습니다(대법원 2011.8.25. 선고 2010다106283 판결).

(2) 그러므로 이 사건에서도 목적물 수령일이 아니라 '하도급계약 특수조건'에 따라 그 대금을 지급하면 될 것입니다.

참조판례

대법원 2011.8.25. 선고 2010다106283 판결 【하도급대금지급보증금】

[1] 민법 제665조 제2항에 의하여 준용되는 같은 법 제656조 제2항은 "수급인의 도급인에 대한 보수는 약정한 시기에 지급하여야 하며 시기의 약정이 없으면 관습에 의하고 관습이 없으면 약정한 노무를 종료한 후 지체 없이 지급하여야 한다."고 규정하고 있고, 하도급거래 공정화에 관한 법률 제13조 제2항은 "하도급대금의 지급기일이 정하여져 있지 아니한 경우에는 목적물 등의 수령일을 하도급대금의 지급기일로 보고, 목적물 등의 수령일 부터 60일이 지난 후에 하도급대금의 지급기일을 정한 경우에는 목적물 등의 수령일 부터 60일이 되는 날을 하도급대금의 지급기일로 본다."고 규정하고 있을 뿐이므로, 하도급공사계약에서 당사자 사이에 하도급공사대금의 지급기일에 관한 약정이 있는 경우에는 그 약정에 따라 지급기일을 정하여야 하고 목적물 등의 수령일을 지급기일로 정할 것이 아니다.
[2] 甲 주식회사가 乙 주식회사에 건물 신축공사 중 일부를 하도급하기로 하는 계약을 체결하면서 공사대금에 관하여 지급기일의 약정을 한 사안에서, 하도급계약에 따른 공사대금의 지급기일은 甲 회사와 乙 회사 사이의 지급기일에 관한 약정에 따라 정하여야 하는 것이지 목적물 등의 수령일로 정할 것이 아니라고 하며, 이와 달리 본 원심판결에는 처분문서의 해석 및 하도급대금의 지급기일에 관한 법리오해의 위법이 있다고 한 사례.

2 하도급대금직접지급청구

Q

아파트 건설시공을 발주자-시공사(원사업자)-하수급인으로 순차 도급된 경우, 시공사의 부도, 파산, 2차례 이상의 지급지연 등으로 인하여 하수급인이 공사대금을 지급받지 못하거나 지연되는 경우가 있는데, 이때 하수급인이 발주자를 상대로 공사대금을 청구할 수 있는지요.

A

1. 하도급거래관계

'하도급거래'라 함은 시공사가 하수급인에게 건설위탁을 하는 것으로서, 예를 들어 시공사가 하수급업자에게 아파트 공사의 창틀공사, 바닥공사, 방수공사 등을 하도급 주는 경우를 말합니다. 하수급인은 일정한 경우 발주자를 상대로 직접 공사대금을 지급할 수 있는 권리가 있는데, 이를 하도급거래공정화에 관한법률(이하 하도급법) 제14조에 따른 '하도급대금의 직접지급청구권', 또는 '직접청구권'이라고 합니다.

2. 직접청구권의 발생사유

어떠한 경우에 직접 발주자에게 공사대금을 청구할 수 있는가를 살펴봅니다. 하도급법이 규정한 직접청구권의 발생사유는 다음과 같습니다(제14조 제1항 본문).

① 시공사의 지급정지·파산 그 밖에 이와 유사한 사유가 있거나 사업에 관한 허가·인가·면허·등록 등이 취소되어 시공사가 하도급대금을 지급할 수 없어 하수급사업자가 하도급대금의 직접지급을 요청한 때
② 발주자가 하도급대금을 직접 하수급사업자에게 지급하기로 발주자·시공사 및 수급사업자간에 합의한 때
③ 시공사가 지급하여야 하는 하도급대금의 2회분 이상을 하수급사업자에게 지급하지 아니한 경우로서 수급사업자가 하도급대금의 직접지급을 요청한 때
④ 시공사가 하도급대금 지급보증의무를 이행하지 아니한 경우로서 하수급사업자가 하도급대금의 직접지급을 요청한 때

3. 직접청구권 발생 시기

하수급업자의 직접지급 요청은 그 의사표시가 발주자에게 '도달'한 때부터 효력이 발생하며, 그 의사표시가 도달되었다

는 사실은 하수급업자가 증명하여야 합니다(시행령 제9조 제1항).

따라서 하수급업자는 발주자에게 내용증명을 통하여 공사대금의 직접 지급을 청구하여야 비로소 발주자는 하수급업자에게 공사대금을 지급할 의무가 발생하는 것입니다. 특히 사후 법정에서 직접지급 청구의사표시가 도달했는지 문제되므로 반드시 내용증명을 통하여 증거를 남겨야 할 것입니다.

4. 직접 청구의 효력

하수급업자가 발주자에 대하여 공사대금의 직접 지급을 청구하면 발주자의 시공사에 대한 대금지급채무와 시공사의 수급사업자에 대한 하도급대금 지급채무는 그 범위 안에서 소멸한 것으로 보게 됩니다(제14조 제2항).

따라서 발주자는 시공사에게 지급할 공사대금을 하수급사업자에게 지급하여야 하며, 직접 청구한 이후 시공사가 발주자에 대한 공사대금채권을 제3자에게 양도하였다 하더라도 하수급인의 직접청구권이 우선하게 되므로, 만일 발주자가 시공사의 채권양수인에게 변제하였다 하더라도, 하수급인에게 공사대금을 지급하여야 합니다. 물론, 발주자는 선급금 충당, 지체상금의 공제 등 시공사에게 주장할 수 있는 사유로 하수급업자의 공사대금 청구를 거절할 수 있습니다.

참조판례

대법원 2009.3.12. 선고 2008다65839 판결 【공사대금】

수급사업자가 하도급계약에 따른 공사를 시행하고 발주자에게 그 시공한 분에 상당하는 하도급대금의 직접 지급을 요청한 때에 수급사업자의 발주자에 대한 하도급대금 직접지급청구권이 발생함과 아울러 발주자의 원사업자에 대한 대금지급채무가 하도급대금의 범위 안에서 소멸하게 된다 할 것이고, 따라서 수급사업자가 발주자에 대하여 하도급공사대금의 직접지급을 구할 수 있는 권리가 발생하는지 여부, 즉 원사업자가 지급정지·파산 그 밖에 이와 유사한 사유 등으로 하도급공사대금을 지급할 수 없게 되었는지 여부 등에 관하여는 수급사업자의 직접지급 요청의 의사표시가 발주자에게 도달한 시점을 기준으로 판단하여야 하며, 여기서 '지급할 수 없게 된 경우', 즉 지급불능은 채무자가 변제능력이 부족하여 즉시 변제하여야 할 채무를 일반적·계속적으로 변제할 수 없는 객관적 상태를 말한다.

대법원 2005.7.28. 선고 2004다64050 판결 【공사대금】

[1] 구 하도급거래공정화에관한법률(2004.1.20. 법률 제7107호로 개정되기 전의 것) 제14조 제1항과 동법시행령(2004.4.19. 대통령령 제18371호로 개정되기 전의 것) 제4조 제1항 제1호에 의하면, 원사업자의 파산으로 원사업자가 하도급대금을 지급할 수 없게 된 경우로서 수급사업자가 발주자에게 하도급대금의 직접지급을 요청한 때에는 발주자는 수급사업자에게 하도급대금을 직접 지급하여야 할 의무를 부담하는 것이기는 하지만, 특별한 사정이 없는 한 발주자는 원사업자에 대한 대금지급의무의 범위 안에서만 하도급대금 직접지급의무를 부담할 뿐이라고 할 것이다.

[2] 구 하도급거래공정화에관한법률 제13조 제7항 소정의 "원사업

자가 하도급대금을 목적물의 수령일부터 60일을 초과하여 지급하는 경우에는 그 초과기간에 대하여 공정거래위원회가 정하여 고시하는 이자율에 의한 이자를 지급하여야 한다."는 규정은, 원사업자가 수급사업자에 대하여 하도급대금을 지급하는 경우에 관한 규정이어서, 이 사건과 같이 발주자인 피고가 원사업자의 파산 등으로 수급사업자에게 하도급대금을 직접 지급하는 경우에는 적용될 수 없다는 원심의 판단은 정당하고, 거기에 상고이유에서 주장하는 바와 같은 법리오해 등의 위법이 있다고 할 수 없다.

3 채권양수인과 하도급대금직접청구가 경합되는 경우 발주사의 조치

Q

A 발주사는 B 건설사와 공사도급계약을 체결하였고, B 건설사는 다시 C 등에게 하도급을 주었는데, B 건설사가 공사 진행 중에 부도가 나자 B 건설사는 A 발주사에 대한 공사대금 채권을 B 건설사의 근로자들에게 채권양도계약을 체결함과 동시에 채권양도통지서를 발송하였고, 그 즈음에 B 건설사의 하도급자 C 등이 하도급대금을 직접 청구한 경우, A 발주사는 어떠한 조치를 취하여야 안전한 것인가요.

A

1. 하도급 공사 실제

A와 같은 발주사는 자신의 공사현장에 중견건설사와의 사이에 하도급 공사계약을 체결한 하도급자들이 공사를 진행하는 경우가 일반적입니다. 이 경우 중견건설사가 부도가 나는 경우에 중견건설사로부터 공사대금을 지급받지 못할 위기에 빠진 하도급공사업자들은 공사현장에서 공사 진행을 거부하는

경우가 많습니다. 이에 발주사는 하도급공사업자들에게 하도급공사대금을 직접 지급하고 공사를 진행하여야 하는 경우에 부도 중견건설사의 채권자들(예컨대 채권양수인, 가압류권자 등)의 권리 주장에도 신중하게 대응을 하여야 합니다.

2. 직불동의서(직접청구서) 작성

먼저, 발주사가 하도급대금을 지급할 때에 하도급공사업자의 지급요청의 의사표시가 도달하여야 하고, 이 지급요청의 의사표시는 증명되어야 합니다(하도급거래공정화에관한법률 제14조 제1항, 시행령 제9조 참조). 따라서 발주사는 하도급공사업자에게 하도급공사대금을 지급할 때에 일반적으로 「직불동의서」 또는 「직접청구서」를 작성하여야 합니다. 「직불동의서」 또는 「직접청구서」를 작성한 다음에도 제3자와 권리 우선 순서를 확정하는 문제에 봉착할 수 있으므로 「직불동의서」 또는 「직접청구서」를 '확정일자 있는 증서' 또는 '내용증명'이 있는 문서 형태로 정리해 두어야 합니다.

3. 직불동의서(직접청구서)와 압류의 선후에 따른 처리

(1) 「직불동의서」 또는 「직접청구서」가 채권양도통지서 또는 채권가압류결정보다 '먼저' 이루어진 경우에는, 공사현장 하도급공사업자에게 하도급공사대금을 지급하고, 공사를 진행하면 될 것입니다.

⑵ 「직불동의서」 또는 「직접청구서」작성일이 채권양도통지서 또는 채권가압류결정문 송달일보다 '늦은' 경우에도, 발주사는 공사도급계약 및 하도급계약을 함께 체결하면서 '발주자가 하도급대금을 직접 수급사업자에게 지급하기로 발주자・원사업자 및 수급사업자간에 합의한 경우'에는 하도급업자에게 하도급대금을 지급하여도 됩니다. 다만, 하도급대금의 지급 범위는 '수급사업자가 제조・수리・시공 또는 용역수행한 분에 상당하는' 범위 내에 한정됩니다(대법원 2008.2.29. 선고 2007다54108 판결). 따라서 발주사는 표준공사도급계약서를 작성할 때에 '발주자가 하도급대금을 직접 수급사업자에게 지급하기로 발주자・원사업자 및 수급사업자간에 합의한 경우'에 직접 지급하여도 좋다는 계약 사항을 반드시 넣어 두어야 합니다.

⑶ 「직불동의서」 또는 「직접청구서」작성일(확정일자 부)과 채권양도통지서 또는 채권가압류결정서 각 송달일이 '동일'한 경우에는, 발주사는 채권양수인(채권가압류권자 포함)과 하도급공사업자에게 동일한 범위 내에서의 공사대금 지급의무를 면하기 위하여 채권안분 비례액에 따라 지급할 수도 있으나, 공통되는 범위 내에서 공사대금을 채권양수인(채권가압류권자 포함) 또는 하도급공사업자에게 지급하더라도 채무를 면한다는 것입니다(대법원 1994.4.26. 선고 93다24223 판결 등.)

⑷ 발주사는 혼합공탁(변제/집행)을 함으로써 중견건설사에 대한 공사대금지급 채무를 면할 수 있습니다.

참조판례

대법원 2008.2.29. 선고 2007다54108 판결 【추심금】

하도급거래 공정화에 관한 법률 제14조 제2항의 규정 취지는 같은 조 제1항의 규정 내용에 비추어 보면, '발주자가 하도급대금을 직접 수급사업자에게 지급하기로 발주자·원사업자 및 수급사업자간에 합의한 경우'에 발주자는 바로 그 하도급대금 전액을 해당 수급사업자에게 직접 지급할 의무가 발생하는 것이 아니라, '수급사업자가 제조·수리·시공 또는 용역수행한 분에 상당하는' 하도급대금을 해당 수급사업자에게 직접 지급할 의무가 발생하는 것이고 그 범위 내에서 발주자의 원사업자에 대한 대금지급채무가 소멸한다고 해석함이 상당하다.

대법원 1994.4.26. 선고 93다24223 전원합의체 판결 【양수금】

채권양도 통지, 가압류 또는 압류명령 등이 제3채무자에 동시에 송달되어 그들 상호간에 우열이 없는 경우에도 그 채권양수인, 가압류 또는 압류채권자는 모두 제3채무자에 대하여 완전한 대항력을 갖추었다고 할 것이므로, 그 전액에 대하여 채권양수금, 압류전부금 또는 추심금의 이행청구를 하고 적법하게 이를 변제받을 수 있고, 제3채무자로서는 이들 중 누구에게라도 그 채무 전액을 변제하면 다른 채권자에 대한 관계에서도 유효하게 면책되는 것이며, 만약 양수채권액과 가압류 또는 압류된 채권액의 합계액이 제3채무자에 대한 채권액을 초과할 때에는 그들 상호간에는 법률상의 지위가 대등하므로 공평의 원칙상 각 채권액에 안분하여 이를 내부적으로 다시 정산할 의무가 있다.

4 하도급대금직불동의서와 채권양도 및 그 통지

Q

A 회사는 창호공사에 필요한 장비를 B 회사에게 대여하였고, B 회사는 C 회사가 발주하는 공사를 수주하여 A로부터 대여 받은 장비를 사용하였습니다. 한편 B 회사는, A 회사에게 장비대여료를 모두 지불하지 못하게 되자, 2007.7.6.경 「C 회사가 B 회사에게 지급할 공사대금 중 3840만원을 A 회사에게 직접 지불하는 것에 동의한다.」, 「C 회사 귀하」라고 기재한 '하도급대금직불동의서'를 작성하여 A 회사에게 교부하였습니다. 이를 교부받은 A 회사는 바로 당일 이 서면 하단에 인쇄된 하수급인 「A 회사」라는 자신의 상호 앞에 수기로 「발신」이라고 적어, 이를 C 회사에게 내용증명우편으로 발송하였고, C 회사는 당일 이 우편을 수령하였습니다. 그런데 C 회사는 이러한 내용증명을 받을 당시 자신은 B 회사에게 지급할 공사대금이 남아있지 않고, 더구나 이러한 통지는 B 회사가 해야 하는 것인데 A 회사가 자신의 명의로 한 통지여서 잘못된 것이라고 다투었습니다. 여기서 A 회사와 B 회사 사이에 이러한 하도급대금직불동의서를 작성한 것이 일종의 채권양도계약으로 볼 수 있는 것인지요. 또 A 회사가 이를 내용증명우편으로 발송한 것이 채권양도통지로서 적법한 것인지요.

A

1. 도급인이 공사대금을 모두 지급한 경우

먼저, 이 사건에서 A는 C에 대한 관계에서 하수급인 지위에 있다고 할 것인데, 도급인 C가 원수급인(하도급인)인 B에게 그 공사대금을 모두 지급하였다면, 그 하수급인 A가 도급인 C에게 원수급인(하도급인) B가 자신에게 지급할 공사대금(즉, 장비대여료)을 직접 지급해 달라고 청구하더라도, 이미 공사대금을 모두 지급한 C로부터 이중으로 공사대금을 지급받지는 못할 것입니다.

2. '직불동의' 속에 채권양도가 포함된 것으로 해석되는 경우

그러나 만약 이러한 직불동의 속에 채권양도가 포함되어 있고, 또 채권양도의 통지가 적법하다면, C가 이러한 통지를 수령한 이후, B · C간에 별도로 채권채무가 발생하였다고 하여 C가 B에게 채무를 변제하였다고 하더라도, C는 그러한 변제로 A에 대하여 대항하지 못할 것입니다.

3. '직불동의'가 '채권양도'에 해당하는지

(1) 그런데 대법원은 종래 '하도급대금의 직접청구권이 있다는 이유로 하도급대금에 상당한 원수급인의 도급인에 대한 공사대금채권에 관한 채권양도가 있다고 보거나 그 공사대금

채권에 대한 제3자의 압류 등 강제집행이 제한된다고 할 수 없다'고 판시한 바 있습니다(대법원 2003.4.22. 선고 2001다20363 판결).

⑵ 이 사건에서도 대법원은 '이 하도급대금직불동의서는 B가 작성한 것으로 이는 하도급거래공정화에관한법률 제14조 제1항 제2호에서 규정한 「발주자(도급인)가 하도급대금을 직접지급하기로 발주자, 원사업자(수급인 = 하도급인), 수급사업자가 3자 합의한 경우」 하도급대금 직접지급요건에 맞추어 작성한 것으로, 채권양도에 대하여 명시적으로 언급이 없고, 「C회사 귀하」라고 기재되어 있는 것도 도급인의 동의를 받도록 한 요건을 맞추기 위한 것이고, 이러한 동의를 얻기 위해 A가 C에게 우송한 것은 당연한 것이다.'라고 하여, 일응 이러한 하도급대금직접지불동의서가 '채권양도(계약)'로 해석되지 않는다고 판시하였습니다(대법원 2011.2.24. 선고 2010다96911 판결).

⑶ 나아가 대법원은 '이러한 하도급대금직접지불동의서가 채권양도의 합의를 포함하고 있다고 하더라도, 이렇게 B 명의로 작성된 문서가 A에게 교부되었다는 것만으로는 B가 A에게 채권양도의 통지까지 대리할 권한을 수여하였다고 볼 수 없다. 더욱이 발신인을 A 명의로 하고 있어 이는 A가 당사자 본인으로 한 것이지 B의 대리인으로 한 것으로 볼 수 없다'는 취지로 판시하였습니다(위 대법원 판결).

4. 채권양도 통지 방식

결국 이러한 직불동의서를 채권양도로 볼 수 있다고 하더라도, 그러한 채권양도 통지는 채권양도인인 B가 하여야 하는 것이고, 만약 채권양수인인 A가 하려면 B로부터 가급적이면 명시적으로 양도통지의 대리권을 수여받아서 하여야 하는 것이 필요합니다(현명주의).

참조판례

대법원 2003.4.22. 선고 2001다20363 판결 【추심금】

구 하도급거래공정화에관한법률(1999.2.5. 법률 제5816호로 개정되기 전의 것, 이하 이를 '구법'이라 한다) 시행 당시에 체결된 하도급계약에 관하여는 구법이 적용되는 것인데, 구법 제14조의 적용 하에서 하수급인이 직접 도급인에 대하여 하도급계약에 따른 하도급공사대금의 지급을 청구할 수 있는 권리가 당사자 간의 합의에 의하여 발생되었다 하더라도 그 직접지급에 관한 합의의 취지는 하수급인의 도급인에 대한 직접지급청구권의 행사에 따라 도급인이 하수급인에게 하도급공사대금을 직접 지급함으로써 원수급인의 도급인에 대한 공사대금채권과 하수급인의 원수급인에 대한 하도급공사대금채권이 동시에 정산·소멸되는 효과가 있게 한다는 것일 뿐이지, 원수급인의 도급인에 대한 공사대금채권 자체가 하수급인에게 양도되거나 이로 인하여 소멸되는 것은 아니라고 봄이 상당하므로, 하수급인에게 하도급대금에 대한 직접지급청구권이 있다는 이유만으로 그 하도급대금에 상당하는 원수급인의 도급인에 대한 공사대금채권에 관한 채권양도가 있다고 보거나 그 공사대금채권에 대한 제3자의 압류 등 강제집행이 제한된다고 할 수는 없다.

대법원 2008.2.29. 선고 2007다54108 판결 【추심금】

공사도급계약 및 하도급계약을 함께 체결하면서 도급인, 원수급인과 하수급인이 '공사대금은 도급인이 원수급인의 입회하에 하수급인에게 직접 지급하고, 원수급인에게는 지급하지 않는 것'으로 약정한 경우, ① 당사자들의 의사가 위 도급계약 및 하도급계약에 따른 공사가 실제로 시행 내지 완료되었는지 여부와 상관없이 원수급인의 도급인에 대한 공사대금채권 자체를 하수급인에게 이전하여 하수급인이 도급인에게 직접 그 공사대금을 청구하고 원수급인은 공사대금 청구를 하지 않기로 하는 취지라면 이는 실질적으로 원수급인이 도급인에 대한 공사대금채권을 하수급인에게 양도하고 그 채무자인 도급인이 이를 승낙한 것이라고 봄이 상당하다. 이러한 경우 위와 같은 채권양도에 대한 도급인의 승낙이 확정일자 있는 증서에 의하여 이루어지지 않는 이상, 도급인은 위와 같은 채권양도와 그에 기한 채무의 변제를 들어서 원수급인의 위 공사대금채권에 대한 압류채권자에게 대항할 수 없다. ② 반면, 당사자들의 의사가 하수급인이 위 각 하도급계약에 기하여 실제로 공사를 시행 내지 완료한 범위 내에서는 도급인은 하수급인에게 그 공사대금을 직접 지급하기로 하고 원수급인에게 그 공사대금을 지급하지 않기로 하는 취지라면, 압류명령의 통지가 도급인에게 도달하기 전에 하수급인이 위 공사를 실제로 시행 내지 완료하였는지 여부나 그 기성고 정도 등에 따라 도급인이 원수급인의 위 공사대금채권에 대한 압류채권자에게 하수급인의 시공 부분에 상당하는 하도급대금의 범위 내에서 대항할 수 있는지 여부 및 그 범위가 달라진다.

대법원 2011.2.24. 선고 2010다96911 판결 【운송대금】

[1] 채권양도의 통지를 양수인이 양도인을 대리하여 행할 수 있음은 일찍부터 인정되어 온 바이지만, 대리통지에 관하여 그 대리권이 적법하게 수여되었는지, 그리고 그 대리행위에서 현명(顯名)의 요구가 준수되었는지 등을 판단함에 있어서는 양도인이 한 채권양도의 통지만이 대항요건으로서의 효력을 가지게 한 뜻이 훼손되지 아니하도록 채무자의 입장에서 양도인의 적법한 수권에 기하여 그러한 대리통지가 행하여졌음을 제반 사정에 비추어 커다란 노력 없이 확인할 수 있는지를 무겁게 고려하여야 한다. 특히 양수인에 의하여 행하여진 채권양도의 통지를 대리권의 '묵시적' 수여의 인정 및 현명원칙의 예외를 정하는 민법 제115조 단서의 적용이라는 이중의 우회로를 통하여 유효한 양도통지로 가공하여 탈바꿈시키는 것은 법의 왜곡으로서 경계하여야 한다. 채권양도의 통지가 양도인 또는 양수인 중 누구에 의하여서든 행하여지기만 하면 대항요건으로서 유효하게 되는 것은 채권양도의 통지를 양도인이 하도록 한 법의 취지를 무의미하게 할 우려가 있다.

[2] 하도급인 乙이, 도급인 甲이 乙에게 지급할 의무가 있는 공사대금 중 일부를 하수급인 丙에게 직접 지급하는 것에 동의한다는 내용의 '하도급대금 직불동의서'를 작성하여 丙에게 교부하고 丙이 이를 甲에게 내용증명우편으로 발송하여 甲이 수령한 사안에서, 그 서면에 "甲 귀하"라고 기재된 것은 적어도 일차적으로는 '하도급거래의 공정화에 관한 법률' 제14조 제1항 제2호에 정한 하도급대금 직접 지급의 요건을 갖추기 위하여 서면을 甲에게 보내어 甲의 동의를 얻으려는 취지이므로 그 문서가 채권양도의 합의를 포함하고 있다 하더라도 그와 같은 취지로 작성된 乙 명의의 문서가 丙에게 교부되었다는 것만으로 乙이 丙에게 채권양도의 통지까지 대리할 권한을

수여하였다고 볼 수 없고, 나아가 그 문서를 甲에게 우송하는 것이 채권양도의 통지에 해당한다고 하더라도, 그 서면 하단에 컴퓨터로 작성된 "하수급인 丙"이라는 기재 바로 앞에 "발신"이라는 수기(手記)가 있는 점은 그 문서의 작성 목적 등에 비추어 보면 오히려 그 발신이 丙을 당사자로 하여 행하여지는 것임을 추단하게 하고 그것이 乙을 대리하여 하는 의사로 행하여진 것으로 보기 어려우므로 대리인이 대리행위를 할 의사를 가지고 행위한 경우에만 적용되는 민법 제115조 단서는 그 발신에 관하여 적용될 여지가 없음에도, 위 문서 발송과 수령으로 공사대금 중 일부에 관한 유효한 채권양도의 통지가 행하여졌다고 본 원심의 판단에는 채권양도 통지의 대리에 관한 법리오해 등 위법이 있다고 한 사례.

5 직불확인에 의한 약정금 및 양수금 청구

Q

A는 2007.10.경 B와 '기계제작 및 설치 공사계약'을 맺었고, B는 자재회사 C에게 자재공급을 요청하였습니다. 그러자 C는 B에게 'A가 자재대금 상당액을 C에게 직불하겠다.'는 확인서(제1확인서)를 요구하였습니다. 이에 A는 '제1확인서를 작성해 주는 조건으로 B가 2007.11.30.까지 공사를 완료하지 못하는 경우는 제1확인서를 무효로 한다.'는 확인서(제2확인서)를 B에게 요구하였습니다. 이렇게 A가 제1확인서, B가 제2확인서를 작성해 주었고, 이에 따라 B와 C 사이에 위 공사대금채권 중 자재대금 상당액의 채권을 C에게 양도한다는 채권양도계약이 체결되었습니다. 그런데 B가 2007.11.30.까지 공사를 완료하지 못하게 되자, A는 C에게 제2확인서에 따라 제1확인서가 무효로 되었다고 통지하였습니다. 이 경우 A는 제1확인서에 의해 또는 채권양수인인 C에게 자재대금상당액을 지급하여야 하는지요.

A

1. 약정에 의한 청구

⑴ 먼저 C의 경우, A가 제1확인서를 작성해 준 것은 C에게 직접 채권을 취득하게 하려는 의사가 포함되어 있으므로, 이는 일종의 '제3자를 위한 계약'에 해당하므로, C는 A에게 '약정'에 따른 금원을 지급할 의무가 있다고 주장할 수 있습니다.

⑵ A로서는, B가 공사를 2007.11.30.까지 완료할 것을 기대하고, 만약 B가 그 기한 내 공사를 완료하였다면, 자재대금 상당액을 직접지급해 달라는 요청을 거절할 이유가 없을 것입니다. 그러나 제1확인서와 제2확인서를 종합하면, A의 직불 의사표시는 B가 약정기한 내에 공사가 완료하지 못하면 그 효력을 상실하는 것을 조건으로 하고 있으므로, B가 약정 기한 내 공사를 완료하지 못함으로써 그 효력을 상실하였으므로, A는 C의 제1확인서라는 약정에 의한 청구를 거절할 수 있게 될 것입니다.

2. 채권양도에 따른 양수금 청구

⑴ 다음 C회사는 B회사로부터 자재대금상당액의 공사대금 채권양도를 받았으므로, 양수금을 청구할 수 있습니다.

⑵ 그러나 이 사건에서 A는 채권양도 계약상의 양도인인 B

에게 채권양도 이전에 미리 '약정기한 내 공사를 마치지 못하면 제1확인서를 무효로 한다.'는 조건을 붙여 채권양도를 승낙한 것이고, A의 조건부 승낙에 따라 B가 약정기한 내에 공사를 완료하지 못함으로써 그 조건의 성취에 따라 조건부 승낙의 효력을 상실하였으므로, A는 C의 양수금 청구 역시 거절할 수 있게 될 것입니다(대법원 2011.6.30. 선고 2011다8614 판결).

참조판례

대법원 2011.6.30. 선고 2011다8614 판결 【양수금】

[1] 지명채권 양도의 채무자에 대한 대항요건은 채무자에 대한 채권양도의 통지 또는 채무자의 승낙인데, 채권양도 통지가 채무자에 대하여 이루어져야 하는 것과는 달리 채무자의 승낙은 양도인 또는 양수인 모두가 상대방이 될 수 있다. 한편 지명채권 양도의 대항요건인 채무자의 승낙은 채권양도 사실을 채무자가 승인하는 의사를 표명하는 채무자의 행위라고 할 수 있는데, 채무자는 채권양도를 승낙하면서 조건을 붙여서 할 수 있다.

[2] 甲 회사가 수급인 乙 회사에 공사자재를 공급하면서 도급인 丙 회사에 자재대금 상당액을 甲 회사에 직불하겠다는 내용의 확인서('제1확인서')를 받아올 것을 요구하자, 丙 회사가 제1확인서를 작성하여 주는 조건으로 乙 회사가 일정 날짜까지 공사를 완료하지 못할 경우 제1확인서를 무효화하기로 하는 내용의 확인서('제2확인서')를 乙 회사에 요구하여, 丙, 乙 회사가 각각 제1, 2확인서를 작성하여 주었는데, 乙 회사가 丙 회사에게서 받은 제1확인서를 甲 회사에

전달함으로써 乙 회사가 丙 회사에 대한 공사대금채권을 甲 회사에 양도한 사안에서, 채무자 丙 회사는 채권양도계약상 양도인인 乙 회사에게 채권양도에 관하여 사전에 해제조건이 붙은 승낙을 한 것이고 丙 회사의 조건부 승낙은 乙 회사가 일정 날짜까지 공사를 완료하지 못함으로써 해제조건이 성취되어 그때로부터 효력을 상실하였으므로, 甲 회사는 채권양도로써 채무자인 丙 회사에 대하여 대항할 수 없게 되었다고 본 원심판단을 수긍한 사례.

6 직불합의와 압류의 선후관계

Q

A는 2004.12.24. B에게 '어린이교통안전체험장조성공사'를 공사대금 21억원, 공사기간 2004.2.~2005.12.까지로 하여 도급 주었는데, B는 2005.10.1. C사에게 그 중 창호공사를 2,200만원에 하도급 주었고, B와 C사는 2005.10.21. '하도급대금은 하도급거래공정화법령에 따라 C사에게 직접 지급하기로 한다.'는 합의서를 작성하여 A에게 제출하였습니다. 이후 C사는 공사를 완공하여 2006.1.18. A에게 하도급대금 직접지급을 청구하자, A는 2005.9.30. B의 채권자인 D가 한 B의 공사대금 중 일부에 대한 선행 채권압류 및 추심명령이 송달되어 있고, 또 C사의 직접지급요청 이전에 B의 다른 채권자들의 채권압류 및 추심명령, 채권가압류 등이 경합되어 있다는 이유로 C사의 직접지급요청을 거절하고, 2006.2.13. B의 나머지 공사대금을 집행공탁 하였습니다. C사는 직불합의가 있은 이후의 압류에 대하여는 자신이 우선한다고 하여 A를 상대로 하도급대급직접지급을 청구할 수 있는지요.

A

1. 하도급지급채무의 소멸 시점

이 사건은 'A의 하도급지급채무가 언제 소멸하였는지'가 중요한데, 만약 B와 C 사이의 '직불합의'만으로 하도급대금이 곧바로 지급된 것으로 본다면, 직불합의 이후의 채권압류는 압류할 대상이 없는 것이어서 무효가 될 것이므로, C의 직불합의가 압류에 우선하여 C는 하도급대금을 수령할 것입니다.

그러나 이와 달리 실제 시공 후 '직접지급요청'이 있어야 비로소 대금지급채무가 소멸하는 것이라고 본다면, 그 소멸이전에 한 채권압류 등이 우선하게 되어, C는 압류된 부분에서는 하도급대금을 직접 지급받을 수 없게 될 것입니다.

2. 직불합의와 직접지급요청에 의한 하도급지급채무의 소멸

이 사건에서 대법원은 '발주자・원사업자 및 수급사업자의 3자간에 하도급대금의 직접 지불이 '합의'된 경우라도 수급사업자가 하도급계약에 따른 공사를 시행(시공)하고 발주자에게 그 시공한 분에 상당하는 하도급대금의 직접 지급을 '요청'한 때에 비로소 수급사업자의 발주자에 대한 직접 지급청구권이 발생함과 아울러 발주자의 원사업자에 대한 대금지급채무가 하도급대금의 범위 안에서 소멸하는 것으로 해석하여야 할 것이므로, 수급사업자의 하도급공사 시행 및 발주자에 대한 시공한 분에 상당한 하도급대금의 직접 지급요청이 있기도 전에 3

자간 직불합의만으로 즉시 발주자의 원사업자에 대한 대금지급채무가 하도급대금의 범위 안에서 소멸한다고 볼 수는 없고, 또한 수급사업자가 하도급공사를 시행하기도 전에 3자간 직불합의가 먼저 이루어진 경우 그 직불합의 속에 아직 시공하지도 않은 부분에 상당하는 하도급대금의 직접 지급요청의 의사표시가 미리 되어 있다고 볼 수도 없다'고 판시하였습니다(대법원 2007.11.29. 선고 2007다50717 판결).

3. 직접지급요청과 압류의 선후

결국 C가 시공 후 직접지급을 요청한 시기에 비로소 하도급대금직접지급채무가 하도급대금의 범위 안에서 소멸한다고 할 것인데, 하도급대금지급채무가 소멸되기 이전에 채권압류 등이 있었으므로, 하도급대금 중 이미 압류된 부분에 대하여는 하도급대금직접지급청구가 받아들여지지 않게 될 것입니다.

참조판례

대법원 2007.11.29. 선고 2007다50717 판결 【공사대금】

[1] 구 하도급거래 공정화에 관한 법률(2007.7.19. 법률 제8359호로 개정되기 전의 것) 제14조 제1항의 문언상 발주자·원사업자 및 수급사업자의 3자 간에 하도급대금의 직접 지불이 합의된 경우라도 수급사업자가 하도급계약에 따른 공사를 시행하고 발주자에게 그 시공한 분에 상당하는 하도급대금의 직접 지급을 요청한 때에 비로

소 수급사업자의 발주자에 대한 직접 지급청구권이 발생함과 아울러 발주자의 원사업자에 대한 대금지급채무가 하도급대금의 범위 안에서 소멸하는 것으로 해석하여야 하므로, 이와 달리 수급사업자의 하도급공사 시행 및 발주자에 대한 시공한 분에 상당한 하도급대금의 직접 지급요청이 있기도 전에 3자 간 직불합의만으로 즉시 발주자의 원사업자에 대한 대금지급채무가 하도급대금의 범위 안에서 소멸한다고 볼 수는 없다.

[2] 수급사업자가 하도급공사를 시행하기도 전에 발주자·원사업자 및 수급사업자의 3자 간 직접 지불 합의가 먼저 이루어진 경우 그 합의 속에 아직 시공하지도 않은 부분에 상당하는 하도급대금의 직접 지급요청 의사표시가 미리 포함되어 있다고 볼 수 없다.

대법원 2014.12.24. 선고 2012다85267 판결 【배당이의】

[1] 발주자·원사업자 및 수급사업자 사이에서 발주자가 하도급대금을 직접 수급사업자에게 지급하기로 합의한 경우에, 당사자들의 의사가 도급계약 및 하도급계약에 따른 공사가 실제로 시행 내지 완료되었는지 여부와 상관없이 원사업자의 발주자에 대한 공사대금채권 자체를 수급사업자에게 이전하여 수급사업자가 발주자에게 직접 그 공사대금을 청구하고 원사업자는 공사대금 청구를 하지 않기로 하는 취지라면 이는 실질적으로 원사업자가 발주자에 대한 공사대금채권을 수급사업자에게 양도하고 그 채무자인 발주자가 이를 승낙한 것에 해당한다. 그런데 이러한 채권양도에 대한 발주자의 승낙이 확정일자 있는 증서에 의하여 이루어지지 않는 이상, 발주자는 위와 같은 채권양도와 그에 기한 채무의 변제를 들어서 원사업자의 위 공사대금채권에 대한 압류채권자에게 대항할 수 없다. 반면 당사자들의 의사가 수급사업자가 하도급계약에 기하여 실제로 공사

를 시행 내지 완료한 범위 내에서는 발주자가 수급사업자에게 그 공사대금을 직접 지급하기로 하고 원사업자에게 그 공사대금을 지급하지 않기로 하는 취지라면, 압류명령의 통지가 발주자에게 도달하기 전에 수급사업자가 공사를 실제로 시행 내지 완료하였는지 여부나 그 기성고 정도 등에 따라 발주자가 원사업자의 위 공사대금 채권에 대한 압류채권자에게 수급사업자의 시공 부분에 상당하는 하도급대금의 범위 내에서 대항할 수 있는지 여부 및 그 범위가 달라진다.

[2] 구 하도급거래 공정화에 관한 법률(2007.7.19. 법률 제8539호로 개정되고 2009.4.1. 법률 제9616호로 개정되기 전의 것, 이하 '구 하도급법'이라 한다) 제14조 제2항의 규정 취지를 같은 조 제1항의 규정 내용에 비추어 보면, '발주자가 하도급대금을 직접 수급사업자에게 지급하기로 발주자·원사업자 및 수급사업자 간에 합의한 경우'에 발주자가 그 하도급대금 전액을 해당 수급사업자에게 직접 지급할 의무가 바로 발생하는 것이 아니라, '수급사업자가 제조·수리·시공 또는 용역수행한 분에 상당하는' 하도급대금을 해당 수급사업자에게 직접 지급할 의무가 발생하는 것이고, 그 범위 내에서 발주자의 원사업자에 대한 대금지급채무가 소멸한다고 해석함이 타당하다(대법원 2013.9.12. 선고 2011다6311 판결 등 참조).

[3] 발주자·원사업자 및 수급사업자 사이에서 발주자가 하도급대금을 직접 수급사업자에게 지급하기로 합의하여 구 하도급법 제14조 제1항, 제2항에 따라 수급사업자의 발주자에 대한 직접 지급청구권이 발생함과 아울러 발주자의 원사업자에 대한 대금지급채무가 하도급대금의 범위 안에서 소멸하는 경우에, 발주자가 직접지급의무를 부담하게 되는 부분에 해당하는 원사업자의 발주자에 대한 공사대금채권은 동일성을 유지한 채 수급사업자에게 이전된다(대법원 2010.6.10. 선고 2009다19574 판결 등 참조).

[4] 그러나 구 하도급법에 직접 지급사유 발생 전에 이루어진 강제집행 또는 보전집행의 효력을 배제하는 규정은 없으므로, 구 하도급법에서 정한 하도급대금 직접 지급사유가 발생하기 전에 원사업자의 제3채권자가 원사업자의 발주자에 대한 채권에 대하여 압류 또는 가압류 등으로 채권의 집행보전을 한 경우에는 그 이후에 발생한 하도급대금의 직접 지급사유에도 불구하고 그 집행보전된 채권은 소멸하지 아니한다(대법원 2003.9.5. 선고 2001다64769 판결 등 참조). 그리고 위에서 본 것과 같이 직접청구권의 발생과 원사업자의 공사대금채권의 당연 이전 및 발주자의 원사업자에 대한 대금지급채무의 소멸이 서로를 각각 제약하는 관계에 있어서 그중 어느 하나가 일어나지 않으면 다른 법률효과도 발생하지 아니한다고 봄이 타당한 사정 등을 고려하여 보면, 위와 같이 압류 등으로 집행보전된 채권에 해당하는 금액에 대하여는 수급사업자에게 직접청구권이 발생하지 아니하고, 원사업자의 발주자에 대한 공사대금채권은 다른 특별한 사정이 없는 한 그 집행보전된 채권액의 한도에서는 수급사업자에게 이전되지 아니한다고 할 것이다(대법원 2014.11.13. 선고 2009다67351 판결).

대법원 2014.11.13. 선고 2009다67351 판결 【부당이득금반환】

위에서 본 바와 같이 직접청구권의 발생과 원사업자의 공사대금채권의 당연 이전 및 발주자의 원사업자에 대한 대금지급채무의 소멸이 서로를 각각 제약하는 관계에 있어서 그 중 어느 하나가 일어나지 않으면 다른 법률효과도 발생하지 아니한다고 볼 것인 점, 발주자는 수급사업자의 직접청구권에 의하여 자신의 의사 또는 자신의 계약상대방인 원사업자의 의사에 기하지 아니하고 제3자에 대하여 공사대금을 지급하여야 할 의무를 부담하게 되는 것이어서 발주자에게 불측의 부담이 될 우려가 있다고 할 수 있는 점, 원사업자에 대하여 채권을 가지는 이가 자기 채권의 만족을 도모하여 원사업자의 공사대금채권에 대하여 압류 또는 가압류 등의 집행 보전의 조치에 나아가기에 이른 단계에까지 그의 이익을 후퇴시키고 수급사업자의 채권 만족을 앞세우는 것은 균형을 잃었다고 할 것인 점, 나아가 특히 원사업자의 무자력이 의심되는 단계에서 빈번하게 제기되는 원사업자의 재산을 둘러싼 여러 채권자들의 이해관계 조정의 문제는 법률관계의 당사자 지위에 따른 상대적 처리보다는 이를 일률적으로 간명하게 처리하는 것이 바람직한 점 등을 종합하여 고려하여 보면, 위와 같이 압류 등으로 집행 보전된 채권에 해당하는 금액에 대하여는 수급사업자에게 직접청구권이 발생하지 아니하고, 원사업자의 발주자에 대한 공사대금채권은 다른 특별한 사정이 없는 한 그 집행 보전된 채권액의 한도에서는 수급사업자에게 이전되지 아니한다고 할 것이다.

CHAPTER

11 건설보증

1 건설보증

Q

건설공사에 있어서 보증제도란 무엇인가요.

A

1. 건설보증의 필요성[5)]

건설도급계약은 일반 거래관계보다 계약기간이 길고 공사금액도 크기 때문에 채무불이행의 위험과 더불어 도급인이나 수급인의 자력만으로는 이를 담보할 수 없는 경우가 많습니다. 이때 제3자인 개인 또는 기관을 보증인으로 세우는 제도가 있는 바, 건설보증제도는 현금보관형, 연대보증형, 개인보증형, 기관보증형 등 유형으로 나눠볼 수 있으나, 대부분 공제조합 등 기관보증을 기초로 혼용하는 경우가 실무례입니다.

5) 이하 윤재윤, 앞의 책, pp351~360 참조

2. 건설산업기본법 상 보증유형

건설산업기본법 시행령 제56조 제2, 3항에서 건설공제조합이 체결하는 각종 보증형태를 규정하고 있고, 국가를당사자로하는계약에관한법률 등에도 각종 보증유형을 규정하고 있습니다.

▷ 입찰보증 : 공사 등의 입찰시 부담하는 입찰자의 입찰보증금 납부를 보증합니다.

▷ 계약보증 : 도급받은 공사의 계약보증금의 납부의무를 이행하는 것을 보증하는 것으로, 수급인의 공사이행의무를 보증하는 공사이행보증과는 구별됩니다.

▷ 공사이행보증 : 도급받은 공사의 계약상 의무를 수급인이 이행하지 못할 경우 이를 대신하여 계약상 의무이행의무를 부담하거나, 이를 하지 못할 경우 미리 정한 일정액의 보증금을 지급할 것을 보증하는 것입니다.

▷ 손해배상보증 : 공사 등의 계약이행 중 발생한 제3자의 피해에 대한 배상금의 지급을 보증하는 것입니다.

▷ 하자보수보증 : 건설공사 등 사업의 영위와 관련하여 발생된 하자의 보수에 관한 의무이행을 보증하는 것입니다.

▷ 선급금보증 : 수급인이 수령한 선급금의 반환채무를 보증하는 것으로 선급금 반환보증이라고도 합니다.

▷ 하도급보증 : 하수급인이 하도급 받은 공사와 관련하여 하도급인이 부담하는 위의 각종의 의무이행을 보증하는 것을 말합니다.

▷ 하도급대금지급 보증 : 수급인이 하도급 계약 시 하수급인에게 하도급 대금의 지급을 보증하는 것을 말합니다.

3. 주택법(구 주택건설촉진법) 상 보증유형

- ▹ 주택분양보증 : 주택을 건설하는 사업주체(시행사 등)가 파산 등의 사유로 분양계약을 이행할 수 없게 된 때에 당해 주택의 분양이행 또는 입주금의 환급을 책임지는 보증을 말합니다.
- ▹ 주택임대보증 : 주택을 건설하는 사업주체가 파산 등의 사유로 이행할 수 없게 된 때 주택 임대의 이행 또는 임대보증금의 환급을 책임지는 보증을 말합니다.
- ▹ 하자보수보증 : 공동주택관리령 제16조 규정에 의한 하자보수의무 기간 중 발생하는 하자에 대한 보증입니다.
- ▹ 감리비예치보증 : 주택건설사업의 감리와 관련하여 감리자에게 지급할 감리비의 지급에 대한 보증을 말합니다.

4. 보증기간

'보증기간'이란 채무불이행이나 보험사고 등으로 보증인이 보증책임을 져야 할 책임이 발생하는 시기와 종기까지의 기간을 말하는데, 이는 '위험기간' 또는 '책임기간'이라고도 합니다. 보증기간 이후에 발생하는 보험사고에 대해서는 보증인은 책임지지 않게 됩니다. 따라서 불확정한 사고에 대비하여 약관 내용, 보증서 및 주계약의 구체적인 내용 등을 세심하게 고려하여 결정하여야 할 것입니다.

한편, 이행보증보험계약에서 보증기간 내에 수급인, 도급인의 채무불이행이 있으면 도급인은 그때 보험금청구권을 취득하게 될 것이나, 다만 도급인이 보증금을 청구하려면 도급계약을 해지 또는 해제하여야 할 것입니다(대법원 1999.4.13. 선고 95다4450 판결).

5. 도급인과 수급인 사이에 준공기간을 연장하는 경우, 보증기간도 당연히 연장되는지 여부

일반 보증계약은 주채무가 연장되면 보증채무도 따르는 것이 원칙이지만, 건설관련 보증은 공사의 시공이 계속적으로 이뤄진다는 특성 때문에 보증기간이 당연히 연장된다고 볼 수 없다고 할 것입니다. 예를 들어, 이행보증보험계약을 체결한 경우, 도급인과 수급인 사이에 공사계약상의 준공기한을 연장하였다 하더라도, 보험회사와 수급인간의 보증기간도 당연히 연장된다고 볼 수 없다는 것입니다.

따라서 보험사고가 원래 약정한 보증기간 이후에 발생한 이상 보험자가 보험계약에 정한 보험금을 지급할 사유가 되지 않는다고 할 것인바(대법원 1997.4.11. 선고 96다32263 판결), 도급인이 공사기간을 연장한 경우 수급인과 보험회사에 대해서도 보험기간의 연장을 동시에 요구하여야 할 것입니다.

참조판례

대법원 1997.4.11. 선고 96다32263 판결 【보험료】

이행보증보험계약은 주계약에서 정한 채무의 이행기일이 보험기간 안에 있는 채무를 이행하지 아니함으로써 발생한 피보험자가 입은 손해를 보상하기로 한 보험계약이므로, 피보험자가 보험계약 당시의 준공기한이 도래하기 전에 미리 준공기한을 연기하여 준 나머지 보험계약자가 연기되기 전의 이행기일에 채무불이행을 한 바가 없게 되었고, 피보험자와 보험계약자 사이에 주계약상의 준공기한을 연기하였다 하더라도 보험회사와 보험계약자 사이의 보험계약상의 보험기간도 당연히 변경된다고 할 수 없으므로, 이와 같이 연기된 이행기일이 보험기간 이후임이 분명한 이상 비록 연기된 이행기일에 이행이 없었다고 하더라도 이는 보험사고가 약정 보험기간 이후에 발생한 것으로 보험계약에서 정한 보험금지급사유에 해당되지 아니한다.

대법원 2003.1.24. 선고 2002다55199 판결 【매매대금등】

[1] 전문건설공제조합이 건설산업기본법에 따라 하는 각종 보증에 있어서의 보증사고라 함은 보증인인 전문건설공제조합의 보증책임을 구체화하여 정하는 불확정한 사고를 의미하는 것이므로, 선급금보증에서 보증사고가 무엇인지는 당사자 사이의 약정으로 계약내용에 편입된 보증약관과 보증서 및 주계약의 구체적 내용 등을 종합하여 결정하여야 한다.

[2] 공사기간과 보증기간의 종기가 일치하는 선급금보증에 있어서 보증사고의 발생시점은 주계약이 해지된 때가 아니라 주계약에서 정한 채무의 불이행이 있은 때로 봄이 상당하다고 한 사례.

대법원 2012.11.29. 선고 2010다6079 판결 【하자보수보증금】

전문건설공제조합이 건설산업기본법에 따라 하는 각종 보증에 있어서의 보증사고라 함은 보증인인 전문건설공제조합의 보증책임을 구체화하여 정하는 불확정한 사고를 의미하는 것이므로, 하자보수보증에서 보증사고가 무엇인지는 당사자 사이의 약정으로 계약 내용에 편입된 보증약관과 보증서 및 주계약의 구체적 내용 등을 종합하여 결정하여야 한다(대법원 2003.1.24. 선고 2002다55199 판결 등 참조). ~ 위 인정 사실에서 본 바와 같이 ㅇㅇ산업의 시공 상의 잘못인 국내산 석재 대신 중국산 석재를 사용하여 시공한 하자가 보증기간 전에 있었지만, 수익자인 원고가 보증기간 또는 책임기간 전까지 아무런 하자보수청구를 하지 않다가 보증기간 또는 책임기간 내에 중국산 석재 시공사실을 통보받고 그 무렵 하자보수청구를 하는 바람에 ㅇㅇ산업의 하자보수의무 및 그 의무의 불이행이 보증기간 또는 책임기간 내에 발생한 이 사건에 있어서는, 보증기간 전에 발생한 중국산 석재로 시공한 하자 또한 이 사건 하자보증약정의 보증 대상이 되는 하자에 해당하고, 그러한 하자에 대한 ㅇㅇ산업의 보수의무 불이행이라는 보증사고는 보증기간 또는 책임기간 내에 발생하였다고 봄이 상당하다.

대법원 2015.10.29. 선고 2013다200469 판결 【공사대금】

甲 공사가 乙 주식회사와 공사도급계약을 체결하고, 丙 공제조합이 乙 회사와 보증채권자를 甲공사로 하는 공사이행보증계약을 체결하였는데, 공사가 계속 지연되자 甲 공사가 보증채무 이행을 청구하였고, 丙 조합이 준공기한을 도과하여 공사를 완료한 사안에서, 丙 조합이 공사이행보증 중 보증시공을 선택한 경우에 丙 조합이 대신 이행하여야 하는 채무자의 도급계약상 의무는 '약정된 기간 내에

공사를 완성할 의무'인 점 등에 비추어, 채무자와 보증채권자 사이의 도급계약에서 공사완공의 지연에 대비하여 지체상금의 지급을 약정하고 있는 경우 丙 조합이 보증시공을 선택하여 의무를 이행하였더라도 약정된 기간 내에 공사를 완공하지 못하였다면 그로 인한 지체상금 채무도 도급계약상 의무로서 보증채무에 포함되는데, 丙 조합이 보증시공 당시 승인받은 준공기한을 도과하여 공사를 완료하였으므로 공사 지체로 인한 지체상금 등의 채무를 부담할 의무가 있음에도, 이를 지급할 의무가 없다고 한 원심판단에 법리오해의 위법이 있다고 한 사례.

2 수급인의 연대보증인과 건설공제조합간의 구상권

Q

A는 B 건설사와 '복지아파트' 건설도급계약을 체결하였는데, 같은 날 C 건설사가 B 건설사와 연대하여 위 도급계약상의 의무를 이행할 것을 보증하였습니다. 이후 B 건설사는 공사를 마무리하면서 도급계약에 첨부된 시설공사계약 특수조건에 따라 D 건설공제조합으로부터 '하자보수보증서'를 발급받아 이를 A에게 교부하였습니다. 그 다음 B 건설사가 아파트 준공검사를 받아 A에게 아파트를 인도하였는데, 설계 및 시공상 잘못에 의해 기초지반이 침하하면서 건물 균열 등 하자가 발생하였습니다. 이에 A는 D 건설공제조합에게 하자보수보증서에 정한 보증금의 지급을 요구하는 한편, B 건설사의 연대보증인인 C 건설사에 대하여 하자보수에 갈음하는 손해배상을 청구하는 소를 제기하여, C 건설사는 법원이 지급하도록 판결한 손해배상금을 A에게 지급하였습니다. 이 경우 C 건설사가 D 건설공제조합에 대하여 구상권을 행사할 수 있는지요.

A

1. 하자보수보증계약의 성격에 따른 구상권 행사

이 사건은 '공사도급계약 수급인 B의 연대보증인 C가 수급인 B로부터 일정 수수료를 받고 그 공사에 대한 하자보수보증서를 발급해 준 D건설공제조합에 대하여, 구상권 행사, 즉 하자보수보증서에 기재한 보증금을 자신에게 지급해 달라고 청구할 수 있는가'에 관한 것입니다.

이는 기본적으로 '하자보수보증계약의 성격'과 관련된 문제라고 할 수 있는데, 하자보수보증계약을 '보증'으로 보아야만, 공동보증인간의 구상권 규정에 의해, 연대보증인 C가 D건설공제조합에 대하여 지급 청구할 수 있게 될 것입니다.

2. 하자보수보증계약을 '보험'으로 보는 경우

이 사건에서 고등법원은 B와 D 조합의 하자보수보증계약은 일종의 손해'보험'계약으로, 하자보수보증계약상의 보증인인 D 조합과 주계약(공사도급계약)상의 보증인인 C를 동일한 지위에 있는 공동보증인으로 볼 수 없고, 공동보증인 사이의 구상권에 관한 민법규정이 준용되지 않는다고 판단하였습니다(부산고등법원 2005.5.27. 선고 2005나1216 판결). 즉, C는 D에게 구상권을 행사할 수 없다는 결론입니다.

3. 하자보수보증계약을 '보증'으로 보는 경우

그러나 대법원은, 채무의 신속한 이행을 통한 분쟁해결과 같은 채무를 보증하는 자들 사이의 형평의 관점에서, D 조합이 조합원으로부터 보증수수료를 받고 그 조합원이 다른 조합원 또는 제3자와 사이에 도급계약에 따라 부담하는 하자보수의무를 보증하기로 하는 내용의 이 사건 보증계약은 그 실질이 '보증'의 성격을 갖는 것이어서, 구상권에 관한 민법규정이 준용되는 것이고, D 조합과 C는 채권자인 A에 대한 관계에서는 공동보증인 관계에 있으므로, 어느 일방이 변제 기타 자기의 출재로 채무를 소멸하게 하였다면, 그들 사이 구상에 관한 특별한 약정이 없다고 하더라도 민법 제448조에 의해 상대방에게 구상권을 행사할 수 있다고 판시하였습니다(대법원 2008.6.19. 선고 2005다37154 판결).

4. 공동보증인간 구상

결국 C와 D 조합은 A에 대한 B의 하자보수 혹은 하자보수에 갈음한 손해배상채무라는 '공동의 채무를 보증'한다고 할 것이고, C가 D 조합의 보증금을 포함하여 A에게 하자보수에 갈음하는 손해배상금을 지급함으로써, D 조합이 보증금지급채무를 면하게 되었으므로, D 조합은 C의 구상청구에 응하여야 할 것입니다.

참조판례

대법원 2008.6.19. 선고 2005다37154 전원합의체 판결 【구상금】

구 건설공제조합법(1996.12.30. 법률 제5230호로 제정된 건설산업기본법 부칙 제2조 제1호로 폐지)에 따라 건설공제조합이 조합원으로부터 보증수수료를 받고 그 조합원이 다른 조합원 또는 제3자와의 도급계약에 따라 부담하는 하자보수의무를 보증하기로 하는 내용의 보증계약은, 무엇보다 채무자의 신용을 보완함으로써 일반적인 보증계약과 같은 효과를 얻기 위하여 이루어지는 것으로서, 그 계약의 구조와 목적, 기능 등에 비추어 볼 때 그 실질은 의연 보증의 성격을 가진다 할 것이므로, 민법의 보증에 관한 규정, 특히 보증인의 구상권에 관한 민법 제441조 이하의 규정이 준용된다. 따라서 건설공제조합과 주계약상 보증인은 채권자에 대한 관계에서 채무자의 채무이행에 관하여 공동보증인의 관계에 있다고 보아야 할 것이므로, 그들 중 어느 일방이 변제 기타 자기의 출재로 채무를 소멸하게 하였다면 그들 사이에 구상에 관한 특별한 약정이 없다 하더라도 민법 제448조에 의하여 상대방에 대하여 구상권을 행사할 수 있다.

대법원 2012.5.24. 선고 2011다109586 판결 【구상금】

[1] 선급금 반환의무는 수급인의 채무불이행에 따른 계약해제로 인하여 발생하는 원상회복의무의 일종이고, 보증인은 특별한 사정이 없는 한 채무자가 채무불이행으로 인하여 부담하여야 할 손해배상채무와 원상회복의무에 관하여도 보증책임을 지므로, 민간공사 도급계약에서 수급인의 보증인은 특별한 사정이 없다면 선급금 반환의무에 대하여도 보증책임을 진다. 그리고 민간공사 도급계약 연대보증인의 보증책임은 각종 보증서의 구비 여부, 도급계약의 내용,

보증 경위 등을 참작하여 개별적으로 구체적인 사안에 따라 법률행위의 해석에 의하여 판단되어야 하지만, 특별한 약정이 없다면 수급인의 책임과 마찬가지로 금전채무보증과 시공보증을 포함한다고 보아야 한다.

[2] 수급인이 도급계약에 따라 도급인에 관하여 부담하는 선급금 반환채무의 이행을 보증한 보증보험자와 주계약상 보증인은 채권자인 도급인에 대한 관계에서 채무자인 수급인의 선급금 반환채무 이행에 관하여 공동보증인의 관계에 있다고 보아야 하므로, 그들 중 어느 일방이 변제 기타 자기의 출재로 채무를 소멸하게 하였다면 그들 사이에 구상에 관한 특별한 약정이 없더라도 민법 제448조에 의하여 상대방에 대하여 구상권을 행사할 수 있다.

대법원 2012.2.23. 선고 2011다62144 판결 【구상금】

보증보험이란 피보험자와 어떠한 법률관계를 가진 보험계약자(주계약상의 채무자)의 채무불이행으로 인하여 피보험자(주계약상의 채권자)가 입게 될 손해의 전보를 보험자가 인수하는 것을 내용으로 하는 손해보험으로서, 형식적으로는 채무자의 채무불이행을 보험사고로 하는 보험계약이나 실질적으로는 보증의 성격을 가지고 보증계약과 같은 효과를 목적으로 하는 것이므로, 민법의 보증에 관한 규정, 특히 보증인의 구상권에 관한 민법 제441조 이하의 규정이 준용되고, 보증채무자가 주채무를 소멸시키는 행위는 주채무의 존재를 전제로 하므로, 보증인의 출연행위 당시 주채무가 성립되지 아니하였거나 타인의 면책행위로 이미 소멸되었거나 유효하게 존속하고 있다가 그 후 소급적으로 소멸한 경우에는 보증채무자의 주채무 변제는 비채변제가 되어 채권자와 사이에 부당이득반환의 문제를 남길 뿐이고 주채무자에 대한 구상권을 발생시키지 않는다.

대법원 2015.3.26. 선고 2012다25432 판결 【보험금】

공동수급체 구성원이 개별적으로 출자비율에 따른 하자보수보증보험계약을 체결한 경우 피보험자인 도급인으로부터 하자보수를 요구받은 보험계약자가 이행기간 내에 의무를 이행하지 아니하면 그때 보험사고와 이에 근거한 재산상 손해가 발생하여 보험자는 피보험자인 도급인에 대하여 보험금지급의무를 부담한다. 그리고 이러한 상태에서 연대채무를 부담하는 다른 공동수급체 구성원의 면책행위에 의하여 보험계약자의 주계약상 채무가 소멸한 경우, 면책행위를 한 다른 공동수급체 구성원은 민법 제425조 제1항에 따라 자신과 연대하여 하자보수의무를 부담하는 보험계약자의 부담부분에 대하여 구상권을 행사할 수 있다. 보증보험은 형식적으로는 보험계약자의 채무불이행을 보험사고로 하는 보험계약이지만 실질적으로는 보증의 성격을 가지고 보증계약과 같은 효과를 목적으로 하는 것이므로 민법의 보증에 관한 규정이 준용될 뿐만 아니라, 구상권의 범위 내에서 법률상 당연히 변제자에게 이전되는 채권자의 담보에 관한 권리에는 질권, 저당권이나 보증인에 대한 권리 등과 같이 전형적인 물적·인적 담보는 물론, 채권자와 채무자 사이에 채무의 이행을 확보하기 위한 특약이 있는 경우에 그 특약에 기하여 채권자가 가지는 권리도 포함되므로, 면책행위를 한 다른 공동수급체 구성원은 하자보수를 요구받은 보험계약자에게 구상권을 행사할 수 있는 범위에서 민법 제481조에 따라 채권자인 도급인의 담보에 관한 권리인 하자보수보증보험계약에 따른 보험금청구권을 대위행사할 수 있다.

CHAPTER

12

기 타

1 일조권 등 침해와 분양자의 책임

Q

수분양자 A는 분양자인 B와 분양계약을 체결하였는데, 아파트가 완공된 이후 일조가 확보되지 않고 조망이 가려지며 사생활이 노출되는 등의 손해가 발생한 경우, 손해배상을 분양자인 B에게 청구할 수 있는지요.

A

1. 종래 침해소송에서 인정되는 일조권(日照權)

종래 일조권 침해소송에서 대법원은 '토지의 소유자 등이 종전부터 향유하던 일조이익이 객관적인 생활이익으로서 가치가 있다고 인정되면 법적보호의 대상이 될 수 있고, 인근의 건물이 신축됨으로 인하여 종래 향유하던 일조량이 감소하는 일조방해가 발생한 경우 사회 통념상 토지 소유자의 수인한도를 넘게 되면 그 건축행위는 사법상 위법한 가해행위로 평가된다'

는 판시를 하여 왔습니다(대법원 2000.5.16. 선고 98다56997 판결, 대법원 2008.4.17. 선고 2006다35865 전원합의체 판결).

또한 이러한 일조권 침해소송에 있어 수인하여야 하는 한도는 동지일 기준 9시에서 15시 사이에 일조 확보시간 2시간으로 보았습니다.

2. 건축계획 및 관련법령은 준수하였으나, 일조권 수인한도를 넘은 경우

(1) 문제는 분양된 아파트가 건축관계법령 및 주택법상의 주택건설기준에 적합하고, 분양계약 체결 당시 수분양자에게 알려진 기본적인 건축계획대로 건축된 경우, 그 완성 이후의 일조상태가 위 판례들에 의한 수인한도를 초과한 경우, 수분양자에게 책임을 물을 수 있는가 입니다.

(2) 먼저 대법원은 아파트 분양계약과 관련된 분양자의 '채무불이행'책임이나 '하자담보'책임이 '분양된 아파트가 당사자의 특약에 의하여 보유하여야 하거나 주택법상의 주택건설기준 등 거래상 통상 갖추어야 할 품질이나 성질을 갖추지 못한 경우에 인정된다'고 판시하여 왔습니다.

(3) 이러한 법리의 연장선에서, 최근 대법원은 '분양계약의 체결과정에서 일조나 조망, 사생활의 노출차단 등에 관한 상황에 대하여 일정한 기준에 이르도록 하는 약정이 이루어졌거나, 수분양자가 일조 등이 일정한 기준에 미치지 않는 사정을 알

았더라면 분양계약을 체결하지 않았을 것임이 명백하여 분양자가 신의성실의 원칙상 사전에 설명 고지할 의무가 있는 등의 특별한 사정이 없는 한, 분양된 아파트가 건축관계법령 및 주택법상의 주택건설기준에 적합하고 분양계약 체결당시 수분양자에게 알려진 건축계획대로 건축된 경우에는 일정시간 이상의 일조가 확보되지 않고 조망이 가려지며 사생활이 노출된다 하더라도, 분양계약의 목적물로서 거래상 통상 갖추어야 하거나 당사자가 특약에 의하여 보유하여야 할 품질이나 성질을 갖추지 못한 경우에 해당된다고 할 수 없다'고 판시하였습니다(대법원 2010.4.29. 선고 2007다9139 판결).

즉, 이 판결은 '하자담보'에 관한 법리를 바탕으로, 아파트의 기본적인 건축계획은 분양계약 과정에서 계약서 및 부속서류, 광고 설명자료를 통하여 수분양자에게 제공되어 계약의 내용을 이루게 되므로, '일조나 조망, 사생활의 노출차단에 관하여 일정한 기준을 충족하여야 한다는 특약'이 있거나 '신의칙상 분양자에게 설명하고 고지할 의무가 인정되는 사정'이 없는 한, '수분양자는 기본적인 건축계획에 의하여 결정되는 일조 등의 상황을 받아들여 분양계약에 이른 것으로 보아야 한다'는 것입니다.

이러한 내용은 얼핏 일조권 인정의 일반적 기준과 어긋난 듯 해 보이나, 일조권 침해소송의 원고는 인근의 건축물이 신축됨으로서 종래 이미 향유하고 있던 일조이익을 침해를 받은 자인 반면, 수분양자의 경우는 당해 건축물을 분양받은 자로서 분양계약상의 채무불이행책임이나 하자담보책임을 주장하는 지위에 있으므로, 이들 두 경우는 별개의 지위에 있는 것이고 법률상 보호하는 권리보호의 범위도 다를 수밖에 없다는 측면이 있습니다.

3. 분양자의 책임 부정

수분양자 A는, 분양자 B가 '관계법령 및 분양계획 체결당시의 건축계획대로 건축하여 분양한 경우' 완성된 아파트의 일조나 조망 등이 통상의 기준에 미치지 못하더라도, 관련한 손해에 대하여 하자담보책임을 물을 수 없을 것입니다.

참조판례

대법원 2010.4.29. 선고 2007다9139 판결【손해배상(기)】

[1] 아파트 분양계약에서의 분양자의 채무불이행책임이나 하자담보책임은 분양된 아파트가 당사자의 특약에 의하여 보유하여야 하거나 주택법상의 주택건설기준 등 거래상 통상 갖추어야 할 품질이나 성질을 갖추지 못한 경우에 인정된다.
[2] 구 건축법 시행령(1999.4.30. 대통령령 제16284호로 개정되기 전의 것) 제86조 제2호 (나)목은, 공동주택의 일조 등의 확보를 위한 건축물의 높이 제한에 관하여 '동일 대지 안에서 2동 이상의 건축물이 서로 마주보고 있는 경우에는 건축물의 각 부분의 높이는 각각 서로 마주보는 외벽의 각 부분으로부터 다른 쪽의 외벽의 각 부분까지의 거리의 1.25배 이하 또는 당해 대지 안의 모든 세대가 동지일을 기준으로 9시에서 15시 사이에 건축조례가 정하는 시간 이상을 연속하여 일조를 확보할 수 있는 높이 이하'로 규정하였는 바, 건축물

의 높이와 건축물 사이의 거리가 위 조항의 전단에서 정하는 기준에 부합하는 경우에는 해당 건축물은 동지일의 연속 일조시간에 관계없이 위 조항에 적합하게 건축된 것이라고 해석하여야 한다.

[3] 분양계약을 체결하는 과정에서 일조나 조망, 사생활의 노출 차단 등에 관한 상황에 대하여 일정한 기준에 이르도록 하기로 약정이 이루어졌다거나, 수분양자가 일조나 조망, 사생활의 노출 차단 등이 일정한 기준에 미치지 아니하는 사정을 알았더라면 그 분양계약을 체결하지 않았을 것임이 경험칙상 명백하여 분양자가 신의성실의 원칙상 사전에 수분양자에게 그와 같은 사정을 설명하거나 고지할 의무가 있음에도 이를 설명·고지하지 아니함에 따라 일조나 조망, 사생활의 노출 차단 등이 일정한 기준에 이를 것이라는 신뢰를 부여하였다고 인정할 만한 특별한 사정이 없는 한, 아파트 각 동·세대의 배치 및 구조, 아파트의 층수, 아파트 각 동·세대 사이의 거리 등에 관한 기본적인 계획(이하 '기본적인 건축 계획'이라 한다)에 의하여 결정되는 일조나 조망, 사생활의 노출 등에 관한 상황에 대하여 수분양자가 이를 예상하고 받아들여 분양계약에 이르렀다고 봄이 상당하다. 따라서 분양된 아파트가 건축관계법령 및 주택법상의 주택건설기준 등에 적합할 뿐만 아니라, 분양계약 체결 당시 수분양자에게 알려진 기본적인 건축 계획대로 건축된 경우에는 아파트 각 동·세대의 방위나 높이, 구조 또는 다른 동과의 인접 거리 등으로 인하여 일정 시간 이상의 일조가 확보되지 아니하고 조망이 가려지며 사생활이 노출된다고 하더라도, 위에서 본 바와 같은 특별한 사정이 있지 않는 한, 이를 가지고 위 아파트가 그 분양계약 당시 수분양자에게 제공된 기본적인 건축 계획에 관한 정보에 의하여 예상할 수 있었던 범위를 벗어나 분양계약의 목적물로서 거래상 통상 갖추어야 하거나 당사자의 특약에 의하여 보유하여야 할 품질이나 성질을 갖추지 못한 경우에 해당된다고 할 수 없다.

대법원 2001.6.26. 선고 2000다44928,44935 판결 【손해배상(기)】

[1] 주거의 일조는 쾌적하고 건강한 생활에 필요한 생활이익으로서 법적 보호의 대상이 되는 것이며, 어떤 토지의 거주자가 인접한 타인의 토지 위를 거쳐서 태양의 직사광선을 받고 있는데, 그 인접 토지의 사용권자가 건물 등을 건축함으로써 직사광선이 차단되는 불이익을 입게 되고, 그 일조방해의 정도가 사회통념상 일반적으로 인용하는 수인한도를 넘어서는 경우에는 그 건축행위는 정당한 권리행사로서의 범위를 벗어나거나 권리남용에 이르는 행위로서 위법한 가해행위로 평가되어 일조방해로 인한 불법행위가 성립한다.
[2] 분양회사가 신축한 아파트를 분양받은 자는 분양된 아파트에서 일정한 일조시간을 확보할 수 없다고 하더라도, 이를 가지고 위 아파트가 매매목적물로서 거래상 통상 갖추어야 하거나 당사자의 특약에 의하여 보유하여야 할 품질이나 성질을 갖추지 못한 것이라거나, 또는 분양회사가 수분양자에게 분양하는 아파트의 일조 상황 등에 관하여 정확한 정보를 제공할 신의칙상 의무를 게을리 하였다고 볼 여지가 있을지는 몰라도, 분양회사가 신축한 아파트로 인하여 수분양자가 직사광선이 차단되는 불이익을 입게 되었다고 볼 수는 없으므로 분양회사에게 일조방해를 원인으로 하는 불법행위책임을 물을 수는 없다.

대법원 2008.8.21. 선고 2008다9358,9365 판결 【채무부존재확인】

[1] 차량이 통행하는 도로에서 유입되는 소음 때문에 인근 주택의 거주자에게 사회통념상 일반적으로 수인할 정도를 넘어서는 침해가 있는지 여부는, 주택법 등에서 제시하는 주택건설기준보다는 환경정책기본법 등에서 설정하고 있는 환경기준을 우선적으로 고려하여 판단하여야 한다.

[2] 도로에서 유입되는 소음 때문에 인근 주택의 거주자에게 사회통념상 수인한도를 넘는 생활이익의 침해가 발생하였다고 하더라도, 그 주택을 건축하여 분양한 분양회사는 도로의 설치·관리자가 아니고 그 주택의 건축으로 인하여 소음이 발생하였다고 볼 수도 없으므로, 주택의 거주자들이 분양회사를 상대로 소음 때문에 발생한 생활이익의 침해를 원인으로 하는 불법행위책임을 물을 수는 없다. 다만 분양회사는 주택의 공급 당시에 주택법상의 주택건설기준 등 그 주택이 거래상 통상 소음 방지를 위하여 갖추어야 할 시설이나 품질을 갖추지 못한 경우에 집합건물의 소유 및 관리에 관한 법률 제9조 또는 민법 제580조의 담보책임을 부담하거나, 수분양자와의 분양계약에서 소음 방지 시설이나 조치에 관하여 특약이 있는 경우에 그에 따른 책임을 부담하거나, 또는 분양회사가 수분양자에게 분양하는 주택의 소음 상황 등에 관한 정보를 은폐하거나 부정확한 정보를 제공하는 등 신의칙상의 부수의무를 게을리 한 경우에 그 책임을 부담할 뿐이다.

대법원 2014.2.27. 선고 2009다40462 판결 【손해배상(기)】

[1] 일조방해행위가 사회통념상 수인한도를 넘었는지 여부는 피해의 정도, 피해이익의 성질 및 그에 대한 사회적 평가, 가해 건물의 용도, 지역성, 토지이용의 선후관계, 가해 방지 및 피해 회피의 가능성, 공법적 규제의 위반 여부, 교섭 경과 등 모든 사정을 종합적으로 고려하여 판단하여야 하고, 건축 후에 신설된 일조권에 관한 새로운 공법적 규제 역시 이러한 위법성의 평가에 있어서 의미 있는 자료가 될 수 있다. 그리고 건축법 등 관계 법령에 일조방해에 관한 직접적인 단속법규가 있다면 그 법규에 적합한지 여부가 사법상 위법성을 판단함에 있어서 중요한 판단자료가 될 것이지만, 이러한 공법적

규제에 의하여 확보하고자 하는 일조는 원래 사법상 보호되는 일조권을 공법적인 면에서도 가능한 한 보장하려는 것으로서 특별한 사정이 없는 한 일조권 보호를 위한 최소한도의 기준으로 봄이 상당하고, 구체적인 경우에 있어서는 어떠한 건물 신축이 건축 당시의 공법적 규제에 형식적으로 적합하다고 하더라도 현실적인 일조방해의 정도가 현저하게 커서 사회통념상 수인한도를 넘은 경우에는 위법행위로 평가될 수 있다.

[2] 인접 토지에 건물 등이 건축되어 발생하는 시야 차단으로 인한 폐쇄감이나 압박감 등의 생활이익의 침해를 이유로 하는 소송에서 침해가 사회통념상 일반적으로 수인할 정도를 넘어서서 위법하다고 할 것인지 여부는, 피해 건물의 거실이나 창문의 안쪽으로 일정 거리 떨어져서 거실 등의 창문을 통하여 외부를 보았을 때 창문의 전체 면적 중 가해 건물 외에 하늘이 보이는 면적비율을 나타내는 이른바 천공률이나 그중 가해 건물이 외부 조망을 차단하는 면적비율을 나타내는 이른바 조망침해율뿐만 아니라, 피해건물과 가해건물 사이의 이격거리와 가해 건물의 높이 및 이격거리와 높이 사이의 비율 등으로 나타나는 침해의 정도와 성질, 창과 거실 등의 위치와 크기 및 방향 등 건물 개구부 현황을 포함한 피해 건물의 전반적인 구조, 건축법령상의 이격거리 제한 규정 등 공법상 규제의 위반 여부, 나아가 피해 건물이 입지하고 있는 지역에 있어서 건조물의 전체적 상황 등의 사정을 포함한 넓은 의미의 지역성, 가해건물 건축의 경위 및 공공성, 가해자의 방지조치와 손해회피의 가능성, 가해자 측이 해의를 가졌는지 유무 및 토지 이용의 선후관계 등 모든 사정을 종합적으로 고려하여 판단하여야 한다.

[3] 甲 아파트의 일부 세대 소유자들인 乙 등이 인접 토지에 신축된 丙 아파트의 시행사인 丁 주식회사를 상대로 조망침해(개방감 상실)에 따른 손해배상을 구한 사안에서, 丙 아파트와 甲 아파트 각 피해

세대 사이의 이격거리와 丙 아파트의 높이 및 이격거리와 높이의 비율 등 가해 건물과 피해 건물 사이의 배치관계가 그 지역에서 이례적인 것으로 보기 어려운데도, 이른바 조망침해율의 증가만을 이유로 丁 회사의 丙 아파트 신축으로 乙 등에게 수인한도를 초과한 시야차단으로 폐쇄감이나 압박감이 발생하였다고 본 원심판결에는 시야차단으로 인한 폐쇄감이나 압박감의 수인한도에 관한 법리오해 등 위법이 있다고 한 사례.

2 공익사업과 이주대책대상자

Q

A는 경기 고양시 소재 지상에 1층 철골조 건물을 창고로 2000.7. 사용승인을 받았고, 건축물대장에도 창고로 등재되어 있습니다. 다만 A는 2000.9.경 가족과 함께 위 건물에 전입신고를 마친 후 거주해 오고 있었습니다. 그런데 고양시는 2006.8. 한국국제전시장 2단계 부지 조성 사업의 사업 시행자로서, 위 부지를 사업대상에 편입하는 한편, 이주대책기준일을 위 사업 공람공고일은 2006.6.로 공고하였습니다. 여기서 A는 이주대책대상자에 해당하는지요.

A

1. 창고용 건물의 주거용도 사용

이 사건은 A가 고양시의 사업계획시행에 따라 이 사건 건물에 대한 지장물 보상을 받았는데, 여기서 나아가 A는 비록 창고용으로 사용승낙을 받은 건물이라고 하더라도 오랜 기간 동안 주거용으로 사용하고 있었으므로, 이주대책을 요구하였고,

고양시는 이 사건 건물은 주거가 아닌 창고이므로 이주대책 대상이 되지 않는다고 거부하자, 이에 대하여 A가 소송을 제기한 사건이었습니다.

2. 하급심 법원의 판단

이 사건 제1심과 제2심 법원에서는 '공익사업을위한토지등의취득및보상에관한법률(이하 공익사업법) 제78조 제1항에 규정된 '주거용 건축물'에서 '주거용'의 의미는 실제 그 건축물의 공부상 용도와 관계없이 '실제 주거용으로 사용되는지' 여부에 따라 결정하여야 할 것이고, 실제 주거용으로 사용되는 건축물이 공익사업의 시행을 위하여 제공되었다면 그 제공자는 공익사업법 시행령 제40조 제3항 각호에서 정한 제외사유(무허가 또는 무신고 건축물, 미거주 주택, 세입자)에 해당하지 않는 한 원칙적으로 이주대책대상자에 해당한다.'고 보아 A의 손을 들어 주었습니다(의정부지방법원 2010.3.16. 선고 2009구합2912 판결, 서울고등법원 2010.11.3. 선고 2010누11520 판결).

3. 대법원 판단

그러나 대법원에서는 '사업시행자는 공익사업의 시행으로 인하여 주거용 건축물을 제공함에 따라 생활의 근거를 상실하게 되는 자(이하 '이주대책대상자'라 한다)를 위하여 공익사업법 시행령이 정하는 바에 따라 이주대책을 수립·실시하거나 이주정착금을 지급하여야 하나, 허가를 받거나 신고를 하고 건축하여야 하는 건축물을 허가를 받지 아니하거나 신고를 하지 아니하고 건축한 건축물의 소유자는 이주대책대상자에서 제외하도록 되어 있는데(공익사업법 제78조 제1항, 동 시행령 제40조 제3항 제1호), A는 주거용 용도(단독주택 또는 공동주택)가 아닌 창고시설(농업용)로 건축허가를 받아 이 사건 건물을 신축하여 건축물대장에도 창고시설(농업용)로 등재한 후 공부상 주거용이 아닌 이 사건 건물을 적법절차에 의하지 않고 임의로 주거용으로 용도를 변경하여 소유·사용한 자이므로 공익사업법 시행령 제40조 제3항 제1호에 규정된 '허가를 받거나 신고를 하고 건축하여야 하는 건축물을 허가를 받지 아니하거나 신고를 하지 아니하고 건축한 건축물의 소유자'에 해당하여 공익사업법 소정의 이주대책대상자에서 제외되는 것으로 보아야 한다'라고 판시하였습니다(대법원 2011.6.10. 선고 2010두26216 판결).

4. 공부상 비주거용 건물사용자의 이주대책대상 제외

결국 이 사건에서 A는 이주대책기준일 당시를 기준으로, 공부상 주거용 용도가 아닌 건축물을 허가나 신고 등 적법한 절차에 의하지 않고, 임의로 주거용으로 사용하는 경우에는, 생활보상의 일환인 이주대책대상에서 제외되게 되었습니다.

참조판례

대법원 2011.6.10. 선고 2010두26216 판결
【이주대책대상자및이주대책보상등의거부처분취소】

[1] 공익사업을 위한 토지 등의 취득 및 보상에 관한 법률(이하 '공익사업법'이라 한다)에 의한 이주대책제도는, 공익사업 시행으로 생활근거를 상실하게 되는 자에게 종전의 생활상태를 원상으로 회복시키면서 동시에 인간다운 생활을 보장하여 주기 위한 이른바 생활보상의 일환으로 국가의 적극적이고 정책적인 배려에 의하여 마련된 제도로서 건물 및 부속물에 대한 손실보상 외에는 별도의 보상이 이루어지지 않는 주거용 건축물의 철거에 따른 생활보상적 측면이 있다는 점을 비롯하여, 공익사업법 제78조 제1항, 공익사업법 시행령 제40조 제3항 제1호 각 규정의 문언, 내용 및 입법 취지 등을 종합하여 보면, 주거용 용도가 아닌 다른 용도로 이미 허가를 받거나 신고를 한 건축물을 소유한 자라 하더라도 이주대책기준일 당시를 기준으로 공부상 주거용 용도가 아닌 건축물을 허가를 받거나 신고를 하는 등 적법한 절차에 의하지 않고 임의로 주거용으로 용도를 변경하여 사용하는 자는, 공익사업법 시행령 제40조 제3항 제1호의 '허가를 받거나 신고를 하고 건축하여야 하는 건축물을 허가를 받지 아니하거나 신고를 하지 아니하고 건축한 건축물의 소유자'에 포함되는 것으로 해석하는 것이 타당하다.

[2] 한국국제전시장 2단계부지 조성사업 시행자인 고양시장이, 사업 지구 안에 편입된 1층 철골조 창고 건물의 소유자인 甲의 이주대책 대상자 선정 신청에 대하여 이주대책 대상자가 아니어서 이주대책이 불가능하다는 요지의 회신을 함으로써 거부처분을 한 사안에서, 甲은 주거용 용도(단독주택 또는 공동주택)가 아닌 창고시설(농

업용)로 건축허가를 받아 건물을 신축하여 건축물대장에도 창고시설(농업용)로 등재한 후, 공부상 주거용이 아닌 건물을 적법절차에 의하지 않고 임의로 주거용으로 용도를 변경하여 소유·사용한 자이므로, 공익사업을 위한 토지 등의 취득 및 보상에 관한 법률 시행령 제40조 제3항 제1호에 규정된 '허가를 받거나 신고를 하고 건축하여야 하는 건축물을 허가를 받지 아니하거나 신고를 하지 아니하고 건축한 건축물의 소유자'에 해당하여 공익사업을 위한 토지 등의 취득 및 보상에 관한 법률에서 정한 이주대책대상자에서 제외되어야 함에도, 이와 달리 판단한 원심판결에 법리를 오해한 위법이 있다고 한 사례.

대법원 2015.6.11. 선고 2012다58920 판결 【분양행위무효확인】

[1] 구 공익사업을 위한 토지 등의 취득 및 보상에 관한 법률(2007.10.17. 법률 제8665호로 개정되기 전의 것, 이하 '구 토지보상법'이라 한다) 제2조 제2호, 제4조, 제78조 제1항, 제4항 본문의 내용을 종합하면, 이주대책대상자에 해당하기 위해서는 구 토지보상법 제4조 각 호의 어느 하나에 해당하는 공익사업의 시행으로 인하여 주거용 건축물을 제공함에 따라 생활의 근거를 상실하게 되어야 한다.
[2] 甲 지방자치단체가 진행한 노후화된 시민아파트 철거사업(이하 '시민아파트 정리사업'이라 한다)에 따라 乙 등이 시민아파트를 관할 자치구에 매도하고 丙 공사가 공급하는 아파트를 분양받은 사안에서, 구 재난관리법(2004.3.11. 법률 제7188호 재난및안전관리기본법 부칙 제2조로 폐지) 제39조가 시민아파트를 수용 또는 사용할 수 있는 근거 규정이 되지 못하므로 시민아파트 정리사업은 구 공익사업을 위한 토지 등의 취득 및 보상에 관한 법률(2007.10.17. 법률 제8665호로 개정되기 전의 것, 이하 '구 토지보상법'이라 한다) 제4

조 각 호의 사업에 해당하지 아니하고, 甲 지방자치단체가 시민아파트를 철거한 자리에 공원, 주차장 등을 설치할 계획을 가지고 있었더라도 시민아파트 정리사업이 관계 법령에 따른 사업인정절차를 거쳐 추진된 것이 아닌 이상 그러한 사정만으로 공익사업에 해당한다고 볼 수 없으므로, 乙 등은 구 토지보상법 제78조 제4항에 의하여 사업시행자가 생활기본시설 설치비용을 부담하는 이주대책대상자에 해당하지 아니하고, 구 토지보상법 제4조 각 호에 규정된 공익사업에 해당하지 아니하는 시민아파트 정리사업으로 인하여 주거용 건축물을 제공한 乙 등이 스스로를 이주대책대상자에 해당한다고 믿었더라도, 그러한 사정만으로 乙 등과 丙 공사가 체결한 아파트분양계약 중 분양대금에 생활기본시설 설치비용을 포함시킨 부분이 강행법규에 위배되어 무효가 된다거나 사업시행자가 부담하여야 할 생활기본시설 설치비용의 지출을 면하였다고 볼 수 없다고 한 사례.

3 집합건물의 전유부분취득과 대지사용권

Q

A 회사는 신탁계약이나 이에 따른 토지사용승낙을 통하여 집합건물(오피스텔) 부지에 관한 대지사용권을 갖고 있었던 중, 신탁계약상의 우선수익자인 B 은행에 대한 대출금채무를 이행하지 않자, 오피스텔 신축 후 수탁자인 C 신탁회사가 신탁재산인 위 부지를 D 회사에 처분하였습니다. 그 후 E가 오피스텔의 전유부분에 관한 소유권을 경매절차를 통해 취득한 경우, E는 전유부분에 대한 대지사용권을 취득하는지요.

A

1. 집합건물의 대지사용권

먼저, 집합건물의 대지사용권은 구분소유자가 전유부분을 소유하기 위하여 건물의 대지에 대하여 갖는 권리로서 대지에 대한 소유권과 같은 물권뿐만 아니라, 등기되지 않는 채권적 토지사용권도 대지사용권이 될 수 있습니다.

다만, 대지사용권은 권리로서 유효하게 존속하고 있어야 하므로 사후에 효력을 상실하여 소멸한 토지사용권은 더 이상 전유부분을 위한 대지사용권이 될 수 없습니다.

2. 전유부분과 대지사용권의 분리처분 가능 여부

한편, 집합건물의소유및관리에관한법률 제20조 제1항 및 제2항에 의하면 구분소유자의 대지사용권은 그가 가지는 전유부분의 처분에 따르고, 구분소유자는 그가 가지는 전유부분과 분리하여 대지사용권을 처분할 수 없다고 규정하고 있습니다.

그런데 이는 구분소유권을 가지고 있을 경우를 전제로 하는 경우이고, 오히려 구분소유자의 의사에 기하지 않고 대지사용권이 그 발생 원인이 된 계약에 따라 소멸한 경우에는, 집합건물의 전유부분과 그 부지가 되는 토지소유권이 분리하여 처분될 수 있습니다.

3. 대지사용권의 소멸

(1) 이 사건에서 A 회사는 신탁계약이나 그에 따른 토지사용승낙을 통하여 오피스텔 부지에 대한 채권적 대지사용권을 가지고 있었으나, 신탁계약상의 우선수익자인 B 은행에 대한 대출채무를 이행하지 않음으로 인해, 수탁자인 C 신탁회사가 그 부지를 D 회사에게 처분함에 따라서 그 신탁계약이 종료되었고, 그에 따른 대지사용권 역시 소멸하고 말았습니다. 그러므로 E는 자신의 전유부분을 위한 대지사용권을 취득하지 못하게 될 것입니다(대법원 2011.9.8. 선고 2010다15158 판결).

(2) 결국 E는 오피스텔 부지에 대한 소유권자인 D 회사로부터 전유부분에 대한 철거청구를 당하거나, 그렇지 않으면 임대료상당의 부당이득을 반환하여야 하는 처지에 놓이게 될 것입니다(위 대법원 판결).

참조판례

대법원 2011.9.8. 선고 2010다15158 판결 【부당이득금】

[1] 대지사용권은 구분소유자가 전유부분을 소유하기 위하여 건물의 대지에 대하여 갖는 권리로서 반드시 대지에 대한 소유권과 같은 물권에 한정되는 것은 아니고 등기가 되지 않는 채권적 토지사용권도 대지사용권이 될 수 있으며, 신탁계약의 내용이 신탁등기의 일부로 인정되는 신탁원부에 기재된 경우 이를 제3자에게 대항할 수 있으나, 대지사용권은 권리로서 유효하게 존속하고 있어야 하므로 사후에 효력을 상실하여 소멸한 토지사용권은 더 이상 전유부분을 위한 대지사용권이 될 수 없다.
[2] 甲 주식회사가 신탁계약이나 이에 따른 토지사용승낙을 통하여 오피스텔 부지에 관한 채권적 대지사용권을 갖고 있었으나 우선수익자에 대한 대출금채무를 이행하지 않아 오피스텔 신축 후 수탁자가 신탁재산인 위 부지를 乙 주식회사에 처분하였고, 그 후 丙 등이 오피스텔의 전유부분에 관한 소유권을 경매절차를 통해 취득한 사안에서, 위 부지의 처분으로 신탁계약이 종료되고 대지사용권도 소멸하였으므로, 丙 등은 오피스텔 전유부분을 위한 대지사용권을 취득하지 못하였다고 본 원심판단을 정당하다고 한 사례.

[3] 甲 주식회사가 신탁계약이나 이에 따른 토지사용승낙을 통하여 오피스텔 부지에 관한 채권적 대지사용권을 갖고 있었으나 우선수익자에 대한 대출금채무를 이행하지 않아 오피스텔 신축 후 수탁자가 신탁재산인 위 부지를 乙 주식회사에 처분하였고, 그 후 丙 등이 오피스텔 전유부분에 관한 소유권을 경매로 취득하자, 乙 회사가 丙 등에게 전유부분의 철거를 구한 사안에서, 수탁자가 신탁계약의 수익자를 위하여 신탁계약상 수탁자의 임무를 수행한 것은 신의칙에 어긋나거나 반사회적 행위로서 불법행위를 구성한다고 볼 수 없고, 집합건물 부지의 소유자가 대지사용권을 가지지 않은 구분소유자에게 철거를 구하는 것이 당연히 권리남용에 해당한다고 볼 수도 없으므로, 위 철거 청구를 인용한 원심판단을 정당하다고 한 사례.

[4] 집합건물의 소유 및 관리에 관한 법률 제20조 제1항 및 제2항에 의하면 구분소유자의 대지사용권은 그가 가지는 전유부분의 처분에 따르고, 구분소유자는 그가 가지는 전유부분과 분리하여 대지사용권을 처분할 수 없으나, 구분소유자의 의사에 기하지 않고 대지사용권 발생의 원인이 된 계약에 따라 대지사용권이 소멸한 경우 이를 위 조항에서 금지하는 대지사용권의 분리처분에 해당한다고 볼 수 없고, 집합건물의 부지가 되는 토지의 소유자로서 구분소유자 아닌 자가 위 토지를 처분하였다고 하여 위 조항에 위배된다고 볼 수도 없다.

대법원 2015.1.15. 선고 2012다74175,74182,74199 판결

【건물명도·소유권이전등기절차이행등·소유권이전등기절차이행등】

각 구분소유자는 별도의 규약이 존재하는 등의 특별한 사정이 없는 한 그 대지에 대하여 가지는 공유지분의 비율에 관계없이 그 건물의

대지 전부를 용도에 따라 사용할 수 있는 적법한 권원을 가지고(대법원 1995.3.14. 선고 93다60144 판결 참조), 이때 '건물의 대지'는 달리 특별한 사정이 없는 한 집합건물이 소재하고 있는 1필지의 토지 전부를 포함한다(대법원 2002.12.27. 선고 2002다16965 판결). 그리고 집합건물의 부지 전체에 대하여 대지권이 성립한 이후에는 구분소유자의 대지사용권은 규약으로 달리 정한 경우가 아니면 전유부분과 분리하여 처분할 수 없고(「집합건물의 소유 및 관리에 관한 법률」 제20조), 이를 위반한 대지사용권의 처분은 법원의 강제경매절차에 의한 것이라 하더라도 무효이다(대법원 2009.6.23. 선고 2009다26145 판결 등 참조).

대법원 2015.10.29. 선고 2014다6107 판결 【지료 등】

집합건물의 소유 및 관리에 관한 법률(이하 '집합건물법'이라고 한다)제2조 제6호는 대지사용권을 '구분소유자가 전유부분을 소유하기 위하여 건물의 대지에 대하여 가지는 권리'라고 정의하고 있는데, 집합건물법이 대지사용권에 대한 정의 규정을 두고 있는 이유는 집합건물법 제20조에 의하여 전유부분과 처분의 일체성이 인정되는 대지사용권의 범위를 명확하게 하기 위한 것이다. 따라서 전유부분의 처분에 따르고 전유부분과 분리하여 처분할 수 없는 집합건물법상의 대지사용권은 집합건물법 제2조 제6호가 정의하고 있는 권리, 즉 '구분소유자가 전유부분을 소유하기 위하여 건물의 대지에대하여 가지고 있는 권리'이고, 그 권리가 아닌 다른 권리를 구분소유자가 임의로 집합건물법상의 대지사용권으로 정할 수는 없다. 다만 집합건물법상의 대지사용권을 가진 구분소유자는 전유부분과 대지사용권의 분리처분을 허용하는 규약 또는 공정증서를 작성하는 방법으로(집합건물법 제20조 제2항, 제4항, 제3조 제3항), 집합건물법상의대지사용권 일부를 유보한 채 나머지 일부만 전유부분과 함께 이전하거나 또는 대지사용권의 전부를 유보하면서 그 이외의 권리를 전유부분의 매수인이 취득하도록 할 수 있다.

2016년 7월 10일 초판 1쇄 발행

지은이 서중희 · 이재정 · 이정일 · 조영선 / **펴낸이** 전귀연
펴낸곳 신광문화사 / **출판등록** 1991년 6월 26일 제6-130호
주소 경기도 파주시 광인사길 201 (문발동, 파주출판도시)
전화 031) 955-4211~6 / **팩스** 031) 955-4217
전자우편 donghwae@kornet.net / **홈페이지** www.donghwapub.co.kr
공급처 도서출판 동화기술

Printed in Korea.

ISBN 978-89-7432-927-3 (03360)

이 도서의 국립중앙도서관 출판시 도서목록(CIP)은 서지정보유통지원시스템 홈페이지
http://seoji.nl.go.kr)와 국가자료공동목록시스템(http://www.nl.go.kr/kolisnet)에서
이용하실 수 있습니다. (CIP제어번호 : CIP2016016467)